U0291019

移动互联网的
秘密

THE SECRET OF THE
MOBILE INTERNET

程慧◎著

北京邮电大学出版社
www.buptpress.com

图书在版编目（CIP）数据

移动互联网的秘密 / 程慧著. —— 北京：北京邮电大学出版社，2015.4
ISBN 978-7-5635-4306-9

Ⅰ.①移…　Ⅱ.①程…　Ⅲ.①移动通信—互联网络—普及读物　Ⅳ.①TN929.5-49

中国版本图书馆CIP数据核字（2015）第039482号

书　　　名：移动互联网的秘密
著作责任者：程　慧　著
责 任 编 辑：刘春棠
出 版 发 行：北京邮电大学出版社
社　　　址：北京市海淀区西土城路 10 号（邮编：100876）
发 行 部：电话：010-62282185　传真：010-62283578
E-mail：publish@bupt.edu.cn
经　　　销：各地新华书店
印　　　刷：北京鑫丰华彩印有限公司
开　　　本：720 mm × 1 000 mm　1/16
印　　　张：12
字　　　数：200 千字
印　　　数：1— 3 000 册
版　　　次：2015 年 4 月第 1 版　2015 年 4 月第 1 次印刷

ISBN 978-7-5635-4306-9　　　　　　　　　　　　　　定价：36.00元

· 如有印装质量问题，请与北京邮电大学出版社发行部联系 ·

当秘密不再是秘密的时候

移动互联网到底是什么？正像今天有些人认为互联网金融就是把金融业务搬到网上开展一样，几年前，很多人认为移动互联网就是把互联网的业务搬到手机上。这在一定程度上限制了人们从社交特征、情景特征和泛在特征的角度来思考移动互联网业务发展。发展到 2015 年，大数据和云计算等新兴信息技术的发展，无处不在的移动互联网应用正发生着从消费到生产，从个人到产业，从价值转移到价值创造的再平衡过程。"互联网+"通过拓展生产层级的应用，将颠覆很多传统的产业，创造出新的商业逻辑，这就是改变的力量。就像克里斯·安德森在《创客》中提到的"过去十年人们在找寻通过互联网创造发明以及合作的新方式，未来的十年人们将把这些经验应用于现实世界中。"

这是程慧和北京邮电大学出版社继《中国移动智能手机的秘密》后合作的第二本书。作为亲身经历行业变迁的有心人，程慧通过系统梳理中国互联网 21 年来的发展脉络，观察记录了在互联网影响下的行业变迁。文字朴实又不乏亲切，以女性视角娓娓道来，把"行内语"转化成"听得懂的语言"，讲给大家听，甚具可读性。

作为业内人，普及移动互联网是一种责任。当所有的行业都已经被移动互联网所覆盖和颠覆，秘密也就不再成为秘密。大音希声，大象无形，移动互联网发展的最高境界就是不再提移动互联网。让我们共同见证这个伟大的时代！

因为喜欢移动互联网的原因，我一直在关注并记录这个领域发生的事件，在这本书里分享给大家。

这本书的上市正赶上了一个热点——"互联网+"。李克强总理在 2015 年的政府工作报告中讲到："要推动移动互联网、云计算、大数据、物联网等与现代制造业结合，促进电子商务、工业互联网和互联网金融健康发展，引导互联网企业拓展国际市场。""互联网+"已经上升到国家战略，即将成为新经济的重要支持，渐渐改变着我们的生活。

没有人能打败趋势，顺势而为，则事半功倍。如何跟上这个时代？首先是要懂得互联网是怎么一回事。天下之事本无相同，能探求的只有理。知其既往，便可预知未来何为。大家可以把这本书分为两个部分来看。第一部分，我力求通过从互联网的起源"阿帕"网开始，整理中国互联网的发展历程（第1章、第2章），解释移动互联网时代的网络、智能终端、应用三个要素（第 3 章），从而总结出适用于移动互联网的五个新规则（第 4 章）。第二部分，则是请大家一起感受现在移动互联网对行业、企业管理和个人带来的颠覆（第 5~7 章），从而希望能预测未来我们将要前行的途径。想特别指出的是，在这本书里，我们聊到行业、聊到企业，还细化到了个人。知行合一，在了解了互联网领域后，更重要的，我希望更多的人能真正投身到这个大潮中，抓住时代的机遇，创造新的未来。"要身在现场，身在现场就有了资格和权力"（第7章）。

正如吕廷杰教授在推荐序中所说："作为业内人，普及移动互联网是一种责任。"我为能在此领域尽一些绵薄之力感到荣幸和自豪。

感谢诸位师长给予的指导和机会，让我有了坚持下去的勇气；感谢我亲爱的妈妈，作为小学语文老师至今仍在"文字与为人"方面给予的提点；感谢我的丈夫和女儿，对我种种有异于常人的想法，给予了最大的宽容。因为是讲移动互联网的书，所以用移动互联网的方式提前进入市场，为此也特别感谢众筹过程中朋友们的支持和厚爱。

因为知道自己很幸运，所以只能更加努力！

目录

互联网的起源

源于阿帕网

1968 年，美国国防部高级研究计划局组建了一个计算机网，名为 ARPANET（英文 Advanced Research Projects Agency Network 的缩写，又称"阿帕"网）。按央视的数据，新生的"阿帕"网获得了国会批准的 520 万美元的筹备金及两亿美元的项目总预算，是当年中国国家外汇储备的 3 倍。时逢美苏冷战，美国国防部认为，如果仅有一个集中的军事指挥中心，万一被苏联摧毁，全国的军事指挥将处于瘫痪状态，所以需要设计一个分散的指挥系统。它由一个个分散的指挥点组成，当部分指挥点被摧毁后其他点仍能正常工作，而这些分散的点又能通过某种形式的通信网取得联系。

1969 年，"阿帕"网第一期投入使用，有 4 个节点，分别是加利福尼亚大学洛杉矶分校、加利福尼亚大学圣巴巴拉分校、斯坦福大学以及位于盐湖城的犹它州州立大学。位于各个结点的大型计算机采用分组交换技术，通过专门的通信交换机（IMP）和专门的通信线路相互连接。一年后"阿帕"网扩大到 15 个节点。1973 年，"阿帕"网跨越大西洋利用卫星技术与英国、挪威实现连接，扩展到了世界范围。

互联网就萌芽于此。所以在一定程度上，我们可以说，互联网起源于美苏冷战。

小故事

互联网发送的第一个信息是"L"和"O"

1969 年 10 月 29 日晚上 10 点 30 分，克兰罗克在洛杉矶向在斯坦福的比尔·杜瓦传递信息。这是一个包含五个字母的单词 Login，意思是"登录"。在打入"Lo"后，系统死机了，仪表显示传输系统突然崩溃，通信无法继续进行，世界上第一次互联网络的通信试验仅仅传送了两个字母"Lo"。

成为互联网

1975 年，"阿帕"网由美国国防部通信处接管。在全球，已有大量新的网络出现，如计算机科学研究网络（Computer Science Research Network, CSNET）、加拿大网络（Canadian Network CDnet）、因时网（Because It's Time Network, BITNET）等。

1982 年中期"阿帕"网被停用过一段时间，直到 1983 年"阿帕"网被分成两部分，即用于军事和国防部门的军事网（MILNET）以及用于民间的"阿帕"网版本。用于民间的"阿帕"网改名为互联网。

在同一年，"阿帕"网的 TCP/IP 协议在众多网络通信协议中最终胜出，成为我们至今共同遵循的网络传输控制协议。

TCP/IP（Transmission Control Protocol/Internet Protocol）即传输控制协议 / 因特网协议，又名网络通信协议，是 Internet 最基本的协议、Internet 国际互联网络的基础，由网络层的 IP 协议和传输层的 TCP 协议组成（来源于百度百科）。TCP/IP 协议定义了电子设备如何连入因特网，以及数据如何在它们之间传输。从此，全球的通信设施用上了同一种语言。

1991 年 8 月 6 日，蒂姆·伯纳斯·李将万维网项目简介的文章贴上了 alt.hypertext 新闻组，通常我们认为这一天万维网公共服务在互联网上首次亮相。万维网是我们熟知的环球信息网（World Wide Web，WWW）的缩写，有时我们也称之为"Web"或"W3"，中文名字为"万维网""环球网"等。

WWW 可以让 Web 客户端（常用浏览器）访问浏览 Web 服务器上的页面。

HTTP（Hypertext Transfer Protocol，超文本传送协议）则定义了 Web 客户端怎样向万维网服务器请求万维网文档，以及服务器怎样把文档传送给浏览器。HTTP 提供了访问超文本信息的功能，是 Web 浏览器和 Web 服务器之间的应用层通信协议。

与 HTTP 一同构成计算机间交换信息所使用的语言的还包括 HTML（超文本标记语言），是为"网页创建和其他可在网页浏览器中看到的信息"设计的一种标记语言（来源于维基百科）。"超文本"是指页面内可以包含图片、链接，甚至音乐、程序等非文字元素。

小故事

免费的万维网

1993 年 4 月 30 日，欧洲核子研究组织宣布万维网对任何人免费开放，并不收取任何费用。万维网的发明者蒂姆·伯纳斯·李放弃了专利申请，将自己的创造无偿地贡献给人类。

中国互联网

1987 年 9 月 20 日 20 点 55 分，按照 TCP/IP 协议，中国兵器工业计算机应用研究所成功发送了中国第一封电子邮件，这封邮件以英德两种文字书写，内容是："Across the GreatWall we can reach every corner in the world."（越过长城，走向世界）标志着中国与国际计算机网络已经成功连接。

在此后，中国用了近 7 年的时间真正接入互联网。这七年标志性的事件包括：

——1988 年，中国科学院高能物理研究所采用 X.25 协议，使本单位的 DECnet 成为西欧中心 DECnet 的延伸，实现了计算机国际远程联网以及与欧洲和北美地区的电子邮件通信。

——1989 年 11 月，中关村地区教育与科研示范网络（简称 NCFC）正式启动，由中国科学院主持，联合北京大学、清华大学共同实施。

——1990 年 11 月 28 日，中国注册了国际顶级域名 CN，在国际互联网上有了自己的唯一标识。最初，该域名服务器架设在卡尔斯鲁厄大学计算机中心，直到 1994 年才移交给中国互联网信息中心。

——1992 年 12 月，清华大学校园网（TUNET）建成并投入使用，是中国第一个采用 TCP/IP 体系结构的校园网。

——1993 年 3 月 2 日，中国科学院高能物理研究所接入美国斯坦福线性加速器中心（SLAC）的 64K 专线，正式开通中国连入 Internet 的第一根专线。

——1994 年 4 月 20 日，中国实现与互联网的全功能连接，成为接入国际互联网的第 77 个国家。

互联网之父 ①

互联网之父不是指某一人，这一美称被先后授予多人。世界公认的互联网之父有罗伯特·泰勒、拉里·罗伯茨、蒂姆·伯纳斯·李、温顿·瑟夫、罗伯特·卡恩等人。

蒂姆·伯纳斯·李爵士（1955 年出生于英国）是万维网的发明者、互联网之父、英王功绩勋章获得者、不列颠帝国勋章获得者、英国皇家学会会员、英国皇家工程师学会会员、美国国家科学院院士。1989 年 3 月他正式提出万维网的设想；1990 年 12 月 25 日他在日内瓦的欧洲粒子物理实验室里开发出了世界上第一个网页浏览器。他是关注万维网发展的万维网联盟的创始人，并获得世

蒂姆·伯纳斯·李

① 来源于百度百科。

界多国授予的各种荣誉。他最杰出的成就是把免费万维网的构想推广到全世界，让万维网科技获得迅速的发展，改变了人类的生活面貌。

温顿·瑟夫是互联网基础协议——TCP/IP 协议和互联网架构的联合设计者之一、谷歌全球副总裁、Internet 奠基人之一。20 世纪 70 年代，温顿·瑟夫曾经参与互联网的早期开发与建设，并为此获得了"互联网之父"的美誉。

1997 年 12 月，克林顿总统向瑟夫博士和他的同事 Robert E. Kahn 颁发了美国国家技术奖章，表彰他们对于互联网的

温顿·瑟夫

创立和发展做出的贡献。2004 年，Kahn 和瑟夫博士因为他们在互联网协议方面所取得的杰出成就而荣膺美国计算机学会（ACM）颁发的图灵奖。有人将图灵奖称为"计算机科学界的诺贝尔奖"。2005 年 11 月，乔治·布什总统向 Kahn 和瑟夫博士颁发了总统自由勋章，这是美国政府授予其公民的最高民事荣誉。

罗伯特·卡恩是 TCP/IP 合作发明者、互联网雏形 ARPANET 网络系统设计者、"信息高速公路"概念创立人、美国国家工程协会成员、美国电气与电子工程师协会（IEEE）成员、美国人工智能协会成员、美国计算机协会（ACM）成员、前美国总统科技顾问。罗伯特·卡恩 1986 年创立美国全国研究创新联合会

罗伯特·卡恩

（Corporation for National Research Initiatives，CNRI）并任主席。CNRI 是罗伯特·卡恩于 1986 年亲自领导创建的，为美国信息基础设施研究和发展提供指导和资金支持的非营利组织，同时也执行 IETF 的秘书处职能。

演讲要点

The Main Points
of the Speech

中国移动董事长奚国华
在"2014 年中国 TD-LTE 产业发展研讨会"的演讲

2014 年 4 月 21 日，由重庆市政府和中国移动集团共同主办的"2014 年中国 TD-LTE 产业发展研讨会"在重庆国际会展中心隆重举行。会议以"移动改变生活，创新引领未来"为主题，吸引了国内知名 4G 专家和近 400 家智能手机、物联网领域企业代表。重庆市政府与中国移动签署了《关于共同建设 TD-LTE 应用合作示范区的战略合作协议》。中国移动董事长奚国华发表了《把握 4G 机遇，开创移动互联网新时代》的演讲，要点解读如下。

1. 移动互联网三大要素已经具备

一是智能终端。硬件性能、操作系统、APP 应用使智能终端已经成为便携、可负担、满足多种功能的超级移动互联网载体。二是移动宽带网络。它满足了用户随时随地的移动接入体验。三是基于云计算的新型业务平台。云计算成为移动互联网时代各类业务和服务共享平台和资源的方法，为用户提供随时获取、按需使用、灵活扩展的使用体验。

2. 移动互联网具有四个特征

一是移动性，是为用户随时随地提供泛地服务的基础。二是开放性，打破了边界，共享与整合。三是互动性，多终端、多场景的互动，最大程度消除信息不对称。四是大数据，移动互联网是其重要来源，基于大数据的新型处理模式能够做到信息的分析、筛选和处理。

3. TD-LTE 将在移动互联网时代发挥重要作用

4G 将采用 LTE 作为全球唯一的移动通信技术标准。TDD

将发挥重要作用。一是因为其能高效利用频谱资源；二是其非对称性，更适应移动互联网大部分应用的非对称业务特性。

TDD 与 FDD 的融合发展现已成为全球移动通信的重要发展方向。

4. TD-SCDMA 发展是 TD-LTE 的基础

TD-SCDMA 从标准、产业化到商用取得了巨大成绩，TD-S 用户已超过 2 亿，基站近 50 万个，打造了完整产业链，积累了创新经验，为形成"3G 自主创新—4G 融合—5G 引领国际"奠定基础。

5. TD-LTE 全球发展目标是"三分天下有其一"

中国移动牵头发起成立 GTI。2014 年全球目标是建设 80 万基站，覆盖 30 亿人口，手机出货量达 1.5 亿部。

6. 中国移动 4G 发展策略的三个关键点

一是网络，用高品质、广覆盖保障用户随时随地体验；二是终端，用全球化、规模化、低成本化终端降低用户使用门槛；三是业务，用"三新"的融合通信构建用户全新业务产品。

7. 中国移动 4G 终端的三个目标

一是推动多模多频终端发展；二是推动 4G 终端成本降低，年内将有 100~150 美元手机问世；三是推出中国移动自主品牌终端产品。

读书笔记

Reading Notes

王建宙的《移动时代生存》

曾经听老师讲课说，评断国有企业改革成效要有历史感。不了解国企六十多年的改革史，就不可能客观、全面地评价国企改革。同理，如果不了解中国通信业、中国移动的发展史，也不可能客观、全面地评价中国通信业、评价中国移动。这是读王建宙先生的《移动时代生存》的第一个收获。第二个收获是通过回顾历史，把握通信行业运营规律，捕捉未来趋势。第三个收获则是王建宙先生多年通信行业的经验，对执掌中国联通、中国移动的心得，特别是写出的很多亲身经历，给予我们宝贵的经验。

本书可以按几个主线来读。

一是中国通信业的发展史。比如 IT 的五个发展周期；又如在刚开始建设 LTE 的时候，中国通信设备企业就已经开始投入。

二是中国移动发展史以及作为曾经的掌门人对运营的一些思考。比如拿到 TD-SCDMA 牌照后对 TD-SCDMA 的五个判断；做 TD-SCDMA 的五个意义，以及当时没有起一个中文名字的遗憾；2006 年 5 月，中国移动收购凤凰卫视 19.9% 股份的情景；对飞信的发展表示可惜；多次想在互联网公司持有股份，但始终没有实现，比如一度曾经有可能和新浪微博的合作；第一例对外收购是 2005 年的香港万众电话，2009 年 2 月份、2012 年 2 月两次拍得 4G 频段，2012 年 4 月在香港推出 FDD LTE 服务，2012 年 12 月中国移动香港公司的 TD-LTE 网络正式交付商用，实现与 FDD LTE 融合组网；为香港万众没能参加 3G 牌照拍卖而后悔；还有中国移动做 TD-LTE 的四个目标等。

三是智能终端的发展史。从大块头的模拟电话到数字手机到智能手机的发展，将来发展的两个趋势，可穿戴设备发展的两个可能性，以及影响手机创新的三个重要因素。在其中发生了很多事件，比如在短信普及过程中，早期手机没有汉字输入功能，发短信通常要短信服务台帮转，有了具有汉字输入功能的手机后，才迅速普及。又如在 2009 年 5 月 17 日，投入 6 亿元，带动合作厂商同等数量开发资金启动"TD 终端专项资金联合研发项目"，六个月后有了千元的 TD-SCDMA 手机；从 2007 年 1 月 9 日发布第一代 iPhone 到 2013 年 9 月 10 日 iPhone 5S、5C 开始支持 TD，这个漫长过程是什么样的；2013 年年底至少有 11 家芯片供应商的多模多频 LTE 芯片通过测试；书中引用了 2014 年 3 月 14 日《中国电子报》相关数据，以及我国在手机制造方面值得关注的问题。

四是王建宙先生个人职场生涯的回顾。比如 20 世纪 90 年代初在杭州当电信局长时，最大的愿望是人们想什么时候装电话就什么时候装电话；1994 年，第一次参观移动通信设备制造商的总部（摩托罗拉），看什么都感到新鲜；1997 年在邮电部任计划建设司司长时，由于移动电话用户突破了 1000 万户而感到特别高兴；1999 年 2 月份进入中国联通，直到 2004 年，全过程地参加中国联通上市过程，是一次接受国际资本市场基本知识启蒙教育的机会；在联通上市路演中，遇到的难题之一是如何说服投资者"将来大部分人都会使用手机"；2004 年 11 月到中国移动后，提出三新（新用户、新话务、新业务）战略的背景和考虑；如何说服投资者，大力投资农村市场；2005 年冬天在湖南郴州看到一个农民模样的人拿着手机很投入地打电话，觉得异常兴奋；实现了农村覆盖后，香港报纸刊登的王建宙先生戴着大大的眼镜、拿着大手机的漫画，看了哈哈大笑；2008 年 5 月 12 日，王建宙先生在地震救灾现场的第一感觉"人类在自然灾害前怎么会那么无力"，流转的那条最感人的短信（好吧，我看了也落泪了）；听到拿着手机的农民工说，每月 5 元 30M 够用

QQ 时，能带来这么多快乐，感到愉悦；曾经对手机功能的期待是：想知道什么消息，第一时间可以在手机上看到。书中附了 2012 年 3 月 22 日他在中国移动干部大会上的退休感言全文。

书中还有一些轶事和数据。比如 1992 年杭州的电话号码拍卖会，901688 以 12.9 万元成交；1994 年深圳电话拍卖会 9088888 被以 65.5 万元买走；在浙江嘉兴开通亚洲第一个 GSM 网络时，嘉兴邮电徐张奎局长捧着很大的车载台，逢人便演示，还让大家试用，试用后，有人叫好，有人说还不如模拟电话；又如固定电话从 1882 年进入中国，到 1992 年，用 110 年的时间，我国内地固定电话用户才突破 1000 万；移动电话从 1987 年，用 10 年时间，到 1997 年用户就突破 1000 万户。

作为一名和中国移动一起成长的员工，书中的很多关键节点，我也亲身经历过。比如 2005 年提炼总结核心价值观，我作为一个企业文化的内训师，对这一段背景又有了新的了解；为了保证网络质量这一优势，在 2009 年 2 月启动"3G 网络质量大会战"；2009 年 8 月中国移动在北京世贸天阶正式发布 MM，当时我参加了发布会，回来后写了篇《从 MM 发布会看整合营销中公共关系传播工具"新产品发布会"运用技巧》（http://labs.chinamobile.com/mblog/7539_25105）。

最后一个章节是对关于免费模式、哑管道、大数据等的思考。对此，王建宙先生持乐观态度——在移动互联网生态系统内，电信运营商仍面临着新的发展机会。

盘点移动互联网应用商业模式

移动互联网时代，资本跃跃欲试，各种新商业模式和应用层出不穷。在这个舞台上，有大企业，有小公司，还有个人开发者。如何找到可盈利、可持续的商业模式，找到自己的位置与营收方式，是现在大家所面对的共同问题。

移动互联网的商业模式不仅限于以下模式。各种商业模式还可以衍生、组合、分割——借用《易经》说法，太极生两仪，两仪生四象，四象生八卦，八卦又可以化为八八六十四卦。本文只是对移动互联网产品的商业模式的粗略整理，希望对大家有所启发。

1. O2O，把线上的消费者带到现实的商店中去

Online to Offline（O2O）模式的核心很简单，就是把线上的消费者带到现实的商店中去——在线支付购买线下的商品和服务，再到线下去享受服务。

类型一：租车、租房

（1）盈利模式：收取佣金手续费。

（2）应用

Uber：下载 Uber 应用程序，发出请求，根据你所在的位置，公司派出黑头车来接你，费用通过已经设定好的信用卡支付。

嘟嘟快捷租车："邻居到邻居"的私家车汽车租赁服务。在 2011 年 7 月，由奇虎 360 团队成立。实行会员制，会员可以随时搜索附近的车辆，并通过手机完成鸣笛寻车、开锁等操作，按小时结算，包油包保险，完全实现了自助式汽车租赁。

Airbnb：被《时代周刊》称为"住房中的 eBay"，江湖传说目前估计市值高达 10 亿美元，是一个旅行房屋租赁社区，将普通人的空闲房屋陈列出来，帮助用户获得廉价而有特色的旅行住处。用户可通过网络或手机应用程序发布、搜索度假房屋租赁信息并完成在线预定程序。Airbnb 用户遍布 167 个国家近 8000 个城市。

类型二：个性化服装设计

（1）盈利模式：用户低价享受高端定制；省去中间环节，获得销售收入。

（2）应用

J Hilburn：在全美各地聘请了多达 1000 人作为时尚顾问，这些人会和客户约定时间拜访并帮助他们测量尺码，提供服装风格建议等；或者客户可以在网站上输入自己的尺寸、布料等信息，然后就可以在家里等待定制服装。

类型三：产品直销

（1）盈利模式：省去中间环节，获得更高销售收入。

（2）应用

上海多利农庄：采取了会员预售的模式，即会员以月、半年或年度为周期预先付费，打包销售。有机蔬菜自田间收获后，绕开供应链上的经纪人、各级代理、零售商等四五个环节，直达餐桌。引入了日本黑猫雅玛多宅急便物流为合作伙伴，配送半径覆盖了半个上海，蔬菜从采摘到最后配送至会员家中，中间过程不超过 24 小时。

快书包：只做精品图书和少量用户喜爱的小体积生活用品，满足城市商圈客户对"快速"的需求。将城市整体物流配送的能力化整为零，在北、上、广三大中心城市，无论顾客在哪个区，下单后一小时内便可收货。其主要是通过商品的差价挣钱。

类型四：团购

（1）盈利模式：赚取企业的营销活动和商品等费用。

（2）应用：这种模式比较常见，国外如 Groupon，国内如最淘网、拉手网、800 团购。eetetyetyn 直接在终端下载应用程序即可开始使用。

类型五：线上促销游戏

（1）盈利模式：节约企业营销费用，吸引更多消费者，完成促销目标。

（2）应用

优衣库促销排队游戏：你可以选择自己喜欢的卡通形象作为你在网络世界里的替身，去参加一个品牌的促销排队。到队尾的时候，游戏会立即告诉你是否中奖。每 5 分钟后可以重复下去，直到中奖为止。最基本的奖项是这个品牌的打折优惠券，你可以拿着它去该品牌的门店消费。如果足够幸运，你还会在排队中抽中 iPhone、iPad 或者该品牌的服装大礼包。

2. 把内容分享给需要的人

把你所拥有的，找到一个途径，分享给需要的人，收取一些费用。

类型一：免费提供音乐、书籍内容

（1）盈利模式：广告收入。

（2）应用

Spotify.com：是一款免费音乐在线播放软件，得到了华纳音乐、索尼、百代等全球几大唱片公司的支持，提供 800 万首正版歌曲免费点播。不能下载，只能在线收听。用插播广告的形式（包括声音和图片）获取收入。

Quora 问答网站：将 SNS 模式融入问答。对问题、问题的答案或者回答问题的某些人的活动，可以进行订阅、投票和关注。

类型二：交换电影、饮食、书籍的评论

（1）盈利模式：赚取线上或线下佣金；广告收入。

（2）应用

豆瓣：用户看到一本书后，就可以点击右侧的链接，或者将它们添加到购书单，到网上书城里购买，豆瓣收取佣金。

大众点评网：首创并领导了消费者点评模式，以餐饮为切入点，全面覆盖购物、休闲娱乐、生活服务、活动优惠等城市消费领域。大众点评网目前主要的盈利手段仍然是商家的广告投放。其积分卡业务凭借其渠道平台的优势，向餐馆收取佣金，以积分形式返还给会员一部分后，剩下部分就是网站收入。

携程：提供旅游产品。向酒店、航空公司、保险公司收取代理费。

类型三：与商家合作基于社交的购物

（1）盈利模式：与其他购物平台分账、返点，广告分成、商家地图标示和定向推荐收费等。

（2）应用

人人爱购：是人人网推出的长期促销平台，消费者在社交网络交流购物经验，影响他人的购物行为，目前主要提供产品导购功能。首页提供 B2C 企业展示广告及各类单品促销信息，用户点击后直接进入合作电商页面进行购买、支付。消费者在完成购物后可以交流购物体验，其他人可以在社区里进行反馈。目前合作商家包括京东商城、凡客、麦考林、淘宝商城、红孩子、银泰网、好乐买等。

移动分享团购：在移动分享购物平台上，只要你注册一次，就可以直达所有签约团购网站，选择心仪的商品和商家,可以搜索比价,找到性价比最高的,还可以在地图上寻找最理想的,并将购物信息与自己的好友分享,让他也跟你一块省钱,增进感情,建立一个新的社交网络。

类型四:有偿出售高质量的文章、音乐等内容

(1)盈利模式:阅读者向作者支付的小额付费。

(2)应用

Flat t:将"flattred"捐款按钮部署在相关文章一侧,如果读者愿意,即可单击该按钮进行捐款。据说在万事达和其他金融机构纷纷冻结了维基解密的捐款渠道后,这家瑞典服务成为了维基解密的重要资金来源。

3. 开发应用移动互联网工具软件

类型一:平台提供者

(1)盈利模式:提供开发平台,与开发者分成收入或收取佣金、广告。增加搜索功能后,还能对应用开发商采用关键词购买和竞价排名。

(2)应用:苹果的 APP Store、谷歌的 Android、中移动的 MM、北京易路联动技术公司开发的 OpenFace 手机富媒体平台等。

类型二:优化操作系统

(1)盈利模式:终端厂商付费直接定制优化的移动操作系统;为厂商提供整套解决方案,从中获取分成;在开放平台中,用户付费下载软件,直接受益以及与其他软件提供者进行分成。

(2)应用

点心 OS:点心操作系统由北京风灵创景科技有限公司开发(创新工场投资孵化的第一家公司),是对开放操作系统的优化,给用户带来更好的体验。系统优化后,对用户而言可以更流畅地使用手机并能获得更多、更个性化的软件服

务；厂商可以降低研发成本和产品上市的时间成本。同时，点心是想成为移动互联网内容和应用的通道，通过与应用内容提供商收入分成方式来盈利。

类型三：手机管理软件

（1）盈利模式：广告、联合推广或内置 SDK、内容合作分成。

（2）应用

豌豆荚手机精灵：是一款基于Android的手机管理软件，具有备份恢复重要资料，通讯录资料管理，应用程序管理，音乐下载、视频下载与管理等功能。其被认为与"91 助手"功能类似。

类型四：免费的安全软件

（1）盈利模式：免费地建立销售渠道，用免费的服务在移动互联网市场里占据有利位置，从而成为其他赚钱业务的推广商，最终获得收入；与杀毒软件以及其他软件公司合作营销，最终通过增值服务获得收入。

（2）应用：卡巴斯基、AVG、奇虎 360；安全是互联网的基础服务，安全厂商通过提供免费的基础服务得到用户，建立品牌和影响力。

类型五：移动搜索

（1）盈利模式：搜索免费，主要通过广告收费，为广大中小企业或品牌企业进行各种形式的营销与推广。

（2）应用

国外：谷歌。

国内：百度、宜搜、易查。

类型六：手机浏览器

（1）盈利模式：在积累一定的用户和流量后，发展广告服务，向广告主后端收费；也可以和应用服务提供商分成。

（2）应用

UCWEB：用户下载安装其客户端软件后，就可以通过某网站去浏览其他 WAP 和 Web（HTTP）网站，收看视频。该网站还可提供网站导航、上传、下载、搜索和个人视频等应用服务。

类型七：移动支付

（1）盈利模式：移动支付是移动互联网的关键点之一，现阶段主要向接入商家收取手续费、交易费。

（2）应用：用户只要通过内置支付软件就可以实现一键付费交易。这一领域的市场将出现爆发式增长，如支付宝、易宝支付、快钱、中移动"手机钱包"。

4．游戏应用

（1）盈利模式：手机游戏目前大多借鉴 PC 游戏，有三种较为成熟的模式主导市场：下载收费、购买游戏点卡、虚拟物品销售以及游戏衍生产品。

（2）应用

HumbleBundle.com 游戏捆绑销售网站：这是一家游戏捆绑销售网站，由开发商将游戏捆绑在一起对外销售，出价则完全由用户自主决定，而且还会将一部分收入捐给慈善机构。

愤怒的小鸟：据说每天世界各地手机用户在"愤怒的小鸟"上花去的时间总计达两亿分钟。

水果忍者：全球最赚钱的手机游戏之一，取得了 2500 万余次的下载量成绩，开创了切片玩法先河。

切水果：三名浙江大学的研究生创立了卓亨信息技术有限公司，专门从事安卓系统的游戏开发，是完全模仿"水果忍者"而创立的。号称"全球排名第四"的游戏，为其带来了巨大的效益。

5．手机物联网

手机互联网是一个重要的细分化市场，将手机特性与传统实业结合起来。

类型一：对用户提供全套物联网解决方案

（1）盈利模式：向用户收费。

（2）应用

贝尔信：深圳贝尔信公司模仿 IBM 智慧地球，基于网络传输的视觉智能行为分析技术、3DGIS 的 3D 建模和虚拟组网技术，提出"中国版智慧地球"解决方案。贝尔信已和天津、株洲等近十个城市达成了合作协议，拿下数亿元人民币的大单，部分城市在今年年初已经进入执行阶段。

类型二：全新的购物方式

（1）盈利模式：争夺购物入口，赚取商家代售佣金、广告、加盟、分成费用。对个人用户可以签订合作协议，用户免费接受服务，运营商将用户数据分析后卖给商家，商家再根据用户的行为和喜好提供更精准的营销推广。

（2）应用

"闪购"：广州闪购软件服务公司推出的购物方式。拥有智能手机并安装相关客户端的用户只需要在杂志、报纸、DM 单或商品上看到附上的真知码，通过手机摄像头扫描该码即可实时下单，通过成熟的第三方物流，快速送达指定地点。主要的合作伙伴有宝洁、国窖 1573 等。

Wochacha（我查查）：是一款以条形码来查询商品各类相关信息的生活实用软件。在买东西时扫一扫商品条码，之后该商品相关信息即刻显示在手机屏幕上，包括哪家店有卖，售价多少，店家的电话、地址、营业时间、网址等所有信息。

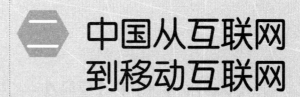

二 中国从互联网
到移动互联网

从 1994 年真正接入世界互联网开始，中国互联网经历了 1994—2004 年的大门户时代（Web 1.0）、2004—2009 年的网络互动时代（Web 2.0），在 2009 年之后，进入了 Web 3.0。互联网迎来一个全新时代。

Web 1.0（1994—2004 年）

就全球而言，在 Web 1.0 时代做出巨大贡献的公司包括 Netscape（网景）、Yahoo（雅虎）和 Google（谷歌）等。

在网景浏览器出现之前，浏览器的界面只有文字，网景创造出了图文并茂的浏览器界面。1995 年 8 月 9 日，这家创始资金只有四百万美元的"小"公司在华尔街上市几个小时后，市值就达到了 20 亿美元；4 个月内，用户数增长到 600 万，市场份额达到 75%。央视纪录片《互联网时代》称"人类历史上没有任何一样商品或服务拥有如此快速的普及速度"，并把这称为互联网繁荣的开始。而雅虎因其创始人杨致远的华裔身份（1968 年生于台湾），而为国人所迅速接纳和学习。雅虎提出了互联网黄页。

在中国，1995 年，张树新创立了首家互联网服务公司"瀛海威"。瀛海威的前身为北京科技有限责任公司，最初的业务是代销美国 PC，张树新到美国考察时接触到互联网，回国后即着手从事互联网业务，创办了瀛海威。

我们现在所熟知的三大门户网站（搜狐 www.sohu.com、新浪 www.sina.com、网易 www.163.com）都抓住了互联网的第一次机会。1996 年 11 月，张朝阳从硅谷获得 22.5 万美元的风险投资，回中国创办了搜狐。1997 年 6 月，1971 年出生的丁磊在广州创造了网易公司。那一年，他只有 26 岁。新浪前身是王志东 1993 年 12 月 18 日在北京成立的四通利方信息技术有限公司，与海外华人网站华渊资讯公司在 1998 年 12 月 1 日宣布合并，成立新浪网公司，并推出同名的中文网站。门户网站的主要功能还是信息展示，是单向的传播。2000 年 4 月 13 日，新浪网宣布首次公开发行股票，第一只真正来自中国大陆的网络股登上纳斯达克。在这之后的几个月里，中国三大门户网站的搜狐、网易也成功在美国纳斯达克挂牌上市，掀起了对中国互联网的第一轮投资热潮。

日后成为 BAT 成员的三大移动互联网公司也相继成立：腾讯公司由马化腾于 1998 年 11 月在深圳成立，1999 年 2 月，推出了即时通信软件 OICQ（也就是日后的 QQ）。1999 年，马云创立了阿里巴巴，一改当时互联网界热门的"门户与搜索"两个商业模式，专注电子商务领域。2000 年，百度由李彦宏在北京中关村创立，"百度"二字源于辛弃疾《青玉案》中那句被王国维引为做大事业者必有的三种境界之一的著名诗句"众里寻他千百度，蓦然回首，那人却在灯火阑珊处"，十分有意韵。

政府上网工程主站点（www.gov.com）1999 年 1 月 22 日在北京举办的"政府上网工程启动大会"开通试运行；1999 年 9 月，招商银行率先在国内全面启动"一网通"网上银行服务，成为国内首先实现全国"网上银行"的商业银行；在新闻领域，2000 年 12 月 12 日，人民网、新华网等网站获得国务院新闻办公室批准进行登载新闻业务，率先成为获得登载新闻许可的重点新闻网站；在网络游戏领域，盛大网络 2001 年开始在大陆运营韩国网络游戏《传奇》，成为大陆网络游戏市场上的霸主。2014 年 11 月 27 日的最新消息是，盛大网络已经将所持盛大游戏股份全部抛售，手握巨量现金的盛大网络将完全向股权投资型公司转型。

而事实上，2000 年，全球正在经历一场互联网泡沫。在早期对互联网的狂热和投机后，期望过高带来了产业信心消失，互联网几乎是用"烧"的速度用尽投资者的金钱，互联网的免费模式宠坏了消费者，赢利遥遥无期。

在中国同样如此。但在互联网公司耗尽了投资者的金钱时，中国移动 2000 年出生的移动梦网带来了新的赢利模式。移动梦网是中国移动原来向客户提供移动数据业务的统一品牌。英文叫作 Monternet，意思是"Mobile+Internet"。这是一种 SP/CP 增值业务发展的典型模式——中国移动是"移动门户提供商＋网络运营商"，梦网平台是移动互联网业务的载体，聚集起众多内容提供商（CP）和服务提供商（SP），用户通过定制业务交费，在收到费用后，中移动再向 CP、SP 分成。移动梦网为中国互联网公司解决了支付、用户、商业模式等问题。2002 年第二季度，搜狐率先宣布盈利，新浪、网易也相继盈利。

Web 2.0（2004—2009 年）

2004 年，互联网进入 Web 2.0 时代。

Web 2.0 概念始于 O'Reilly Media 的创始人 Tim O'Reilly（蒂姆·奥莱利）和 MediaLive International 之间的一场头脑风暴论坛。他认为互联网泡沫破裂标志着互联网的一个转折点，导致了"Web 2.0"运动。

与 Web 1.0 相比，Web 2.0 的信息传播方式从"用户获取内容"转向"用户自己获取 + 生产内容"模式，更注重用户的交互作用，用户"主动创造""共同建设"了 Web 2.0。

Web 2.0 具有代表性的业务包括：

——Blog（博客）为 Web Log 的混成词，是一种由个人管理、不定期张贴新的文章、图片或视频的网页或在线日记，用来抒发情感或分享信息（来源于维基百科）。著名科幻作家 William Gibson 在 1996 年预言了职业博客："用不了多久就会有人为你浏览网络，精选内容，并以此为生，的确存在着这样的需求。"方兴东 2002 年 8 月创立的"博客中国"（blogchina.com）是中国第一个正式的博客网站。根据中国互联网络信息中心（CNNIC）发布的《2006 年中国博客调查报告》显示，截至 2006 年 8 月底，博客作者规模达到 1748.5 万人。

——RSS（简易信息聚合）是一种消息来源格式规范，用以聚合经常发布更新数据的网站，如博客文章、新闻、音频或视频的网摘。RSS 文包含了全文或是节录的文字，按照用户的要求，"送"到用户的桌面。可以借由 RSS 阅读器、feed reader 或 aggregator 等网页或以桌面为架构的软件来阅读（来源于维基百科）。RSS 技术诞生于 1999 年的网景公司，可以传送用户所订阅的内容，现在已经为新浪、网易等越来越多的网站所使用。

——SNS（社交网络服务）主要为一群拥有相同兴趣与活动的人创建在线社区。它基于互联网，为用户提供各种联系、交流的交互通路，为信息的交流与分享提供了新的途径（来源于维基百科）。1999 年，周云帆、陈一舟和杨宁共同创办 ChinaRen 校友录，被认为是中国最早的 SNS 产品。从 2008 年 5 月开始，开心网、校内网等 SNS 网站迅速传播，SNS 成为 2008 年的热门互联网应用之一。"偷菜游戏"等休闲交友游戏也一时风靡网络。

2007 年苹果 iPhone 手机面世，带来了 Web 2.0 阶段的一个明显趋势。苹果 iPhone 引领的移动智能终端大潮，使网络接入方式从固定转向移动互联网。江湖戏称，诺基亚和苹果的最大之不同在于：诺基亚用渠道卖终端，苹果把终端当渠道卖。苹果向第三方开放 App Store，拉开了一个全新的移动互联网商业模式。

2004 年 3 月 4 日，"掌上灵通"在美国纳斯达克首次公开上市，成为首家完成 IPO 的中国 SP（服务内容提供商）。此后，TOM、盛大等公司在海外纷纷上市。中国互联网公司开始了自 2000 年以来的第二轮境外上市热潮。

互联网等新媒体也在逐步发挥作用。2005 年 11 月 7 日，搜狐成为北京 2008 年奥运会互联网内容服务赞助商。这是奥运会历史上第一个互联网内容赞助；2007 年 2 月 28 日，《人民日报》面向全国正式发行手机报；2007 年 5 月开始，千龙网、新浪网、搜狐网、网易网、TOM 网、中华网等 11 家网站举办"网上大讲堂"活动，以网络视频授课、文字实录以及与网民互动交流等方式，传播科学文化知识；2007 年 12 月 18 日，国际奥委会与中国中央电视台共同签署了"2008 年北京奥运会中国地区互联网和移动平台传播权"协议，这也是奥运史的首次互联网移动平台的传播授权。

互联网的舆论监督价值在 2009 年被广泛认知，"躲猫猫"等一系列事件因网络曝光而成为社会关注的热点。

随着互联网的发展，国家监管随之而来。2005 年 9 月 25 日，国务院新闻办公室、信息产业部联合发布《互联网新闻信息服务管理规定》；2006 年 3 月 30 日，中华人民共和国信息产业部颁布的《互联网电子邮件服务管理办法》开始施行。

国家领导人也借助互联网与人民交流。2008 年 6 月 20 日，国家主席胡锦涛通过人民网强国论坛同网友在线交流；2009 年 2 月 28 日，在十一届全国人大二次会议和全国政协十一届二次会议召开前夕，国务院总理温家宝与网友在线交流并接受中国政府网、新华网联合专访。

根据中国互联网络信息中心公布的数据：2005 年 6 月 30 日，中国网民首次突破 1 亿，达到 1.03 亿。2008 年 6 月 30 日，中国网民总人数达到 2.53 亿，首次跃居世界第一。

Web 3.0（2009 年后）

Web 3.0 是针对 Web 2.0 提出的，通常是用来概括互联网发展过程中可能出现的各种不同的方向和特征，包括：

——将互联网本身转化为一个泛型数据库；

——跨浏览器、超浏览器的内容投递和请求机制；

——人工智能技术的运用；

——语义网；

——地理映射网；

——运用 3D 技术搭建的网站甚至虚拟世界或网络公国等（来源于维基百科）。

在中国，2009 年 1 月 7 日，工业和信息化部为中国移动通信集团、中国电信集团公司和中国联合网络通信有限公司发放 3 张第三代移动通信（3G）牌照。

从 2010 年开始，UCWEB、网秦等互联网公司纷纷融资成功，中国的移动互联网走向繁荣。根据中国互联网络信息中心发布的数据，截至 2012 年 12 月底，中国网民规模 5.64 亿，互联网普及率达到 42.1%；手机网民规模为 4.2 亿，使用手机上网的网民规模超过了台式计算机。截至 2013 年 12 月，中国网民规模 6.18 亿，互联网普及率达到 45.8%；手机网民保持增长态势，已达 5 亿。

新浪在 2009 年推出了"微博"服务，被称为"中国 twitter"。新浪微博于 2014 年 4 月 17 日在纳斯达克挂牌上市，而在上市之前，阿里巴巴增持微博股权至 30%。从 2009 年下半年起，搜狐网、网易网、人民网纷纷推出微博应用，吸引了企业机构、社会名人、众多网民加入，成为 2009 年热点互联网应用之一。2011 年年初，"微博打拐"活动发起，"随手拍照解救乞讨儿童"的微博行动引起全国关注，微博逐步成为中国的重要舆论平台。2011 年 12 月 16 日，《北京市微博客发展管理若干规定》出台，规定任何组织或者个人注册微博客账号应当使用真实身份信息。随后广州、深圳、上海、天津等地也采取相同措施。

可与微博媲美的，是腾讯于 2011 年 1 月 21 日推出的微信，一款只在手机上使用的主打通讯录社交概念的 IM，即即时通讯软件。微信由张小龙所带领的腾讯广州研发中心产品团队打造，名字则由马化腾在产品策划的邮件中确定。微信只能在智能手机上使用，后来又开发了 PC 平台，但仍需要用手机辅助登录。随着微信 5.0 版本的发布，微信也正式开始进军移动电商。2014 年春节的"抢红包"一举让微信绑定了近亿银行卡。微信支付将支付过程简化到极致。

电子商务开始兴起。2010 年走红的是团购这一种商业模式。根据中国互联网络信息中心统计，截至 2010 年年底，中国网络团购用户数达到 1875 万人。2013 年电子商务快速发展，网络零售交易额达到 1.85 万亿元。中国超过美国（根据 eMarketer 数据显示，2013 年美国网络零售交易额达到 2589 亿美元，约合人民币 1.566 万亿元）成为全球第一大网络零售市场。

国家继续加强对互联网各领域的监管。2011 年 5 月，国家互联网信息办公室正式设立。在这之前的 2010 年 6 月 14 日，中国人民银行公布《非金融机构支付服务管理办法》，将网络支付纳入监管。2011 年 5 月 18 日，中国人民银行下发首批 27 张第三方支付牌照（《支付业务许可证》）。2013 年 6 月 25 日，在公安部指导下，阿里巴巴、腾讯、百度、新浪、盛大、网易、亚马逊等中国 21 家互联网企业成立了"互联网反欺诈委员会"。2013 年 10 月 25 日，最新

《中华人民共和国消费者权益保护法》发布，规定经营者采用网络、电视、电话、邮购等方式销售商品，消费者有权自收到商品之日起七日内退货。

在中国移动互联网业，出现了三大巨擘：百度、阿里巴巴、腾讯。因为百度的拼音首字母是 B，阿里巴巴的拼音首字母是 A，腾讯的拼音首字母是 T，被合称为 BAT。BAT 三巨头逐渐发展起了自己的互联网帝国，涉及电子商务、媒体游戏、社交媒体、搜索门户以及基于地理位置服务等多个领域，并且每个巨头下都有众多与其有着紧密关系的公司。在个人创业方面，李开复博士创建创新工场，孵化的第一款产品是豌豆夹，开始进军移动互联网应用领域。

各大互联网企业竞争进入新阶段，开始一系列互联网之战，甚至走上了诉讼之路。最为有名的可算是 3Q 大战。2010 年 10 月 29 日，周鸿祎的奇虎 360 推出名为"扣扣保镖"的安全工具，号称是"隐私保护器"，指出 QQ 软件侵犯用户隐私。腾讯则指出 360 浏览器涉嫌借黄色网站推广。2012 年 11 月 3 日，腾讯公司做了一个艰难的决定——在装有 360 软件的计算机上停止运行 QQ 软件。2012 年 11 月 4 日，在政府主管部门介入调查及干预下，双方的软件恢复兼容。另一场战争是 2012 年 8 月 16 日，奇虎 360 综合搜索上线，又引发了百度和 360 的搜索之争。2012 年 11 月 1 日，在中国互联网协会组织下，百度、奇虎 360 等 12 家搜索引擎服务企业签署了《互联网搜索引擎服务自律公约》，促进了行业规范。

2013 年中国互联网企业开始出现并购热潮，除了上文中提到的阿里巴巴 5.86 亿美元入股新浪微博外，另有几个大手笔是：百度 3.7 亿美元收购 PPS 视频业务，苏宁云商与联想控股旗下弘毅资本以 4.2 亿美元战略投资 PPTV，腾讯 4.48 亿美元买到搜狗，百度 18.5 亿美元收购 91 无线网络有限公司 100% 股权等。

在 Web 3.0 时代的重大的突破是网络连接从人和人之间转向万物互联，物联网的发展开始起步。2009 年，欧盟执委会提出欧洲物联网行动计划，推动互联网向万物互联发展。在中国，2012 年 2 月 14 日，国家工业和信息化部发布《物联网"十二五"发展规划》；2013 年 2 月 17 日，国务院公布《关于推进物联网有序健康发展的指导意见》，要求到 2015 年，要打造物联网产业链，形成物联网产业体系。国家发展改革委等据此联合印发了《物联网发展专项行动计划（2013—2015 年）》。

移动互联网仍需"有形之手"

移动互联网新旧势力更迭，大战不断，硝烟弥漫。当年新浪微博之火引得众巨头为之折腰，而真正打击了新浪微博的却是腾讯的微信。而谁又能说，在未来三四年，不会再有一个新的产品，取代现在的微信成为新的移动互联网入口呢？于是拿到"船票"的人不敢大意，用尽方法筑高城墙，以防失守；没赶上第一波浪潮的则加速追赶。

以搜索行业为例，坐第一、二把交椅的百度和 360，一个借先入行优势，一个则携以"用户体验"，缠斗不止，都希望占据搜索行业领头位置。"3B 大战"更是将搜索之战再次激化，"360 篡改搜狗浏览器"、360 安全浏览器对百度搜索结果进行屏蔽等矛盾层出不穷。而 360 被牵涉其中的官司不仅于此，最近的一次是，360 因违反 Robots 协议抓取百度网页内容，百度旗下 hao123 起诉 360 恶意拦截和篡改其首页的案件，都已对簿公堂。

无论是 360 的不求章法，只求实效，以战养战，还是百度借先发优势，"上岸"后的层层防守，不过都是移动互联网发展众生态中的一幕罢了。对于企业而言，自然是以利益为最大化，笔者以为，商业中的"原罪"也适用于移动互联网。腾讯、百度、360、新浪、搜狐都不免于中。而更多的移动互联网企业在众人注目之外，上演着相似的故事。牺牲用户隐私换市场、抄袭产品、损害用户权益等已成为不少移动互联网企业生存的基本方式。

在经济学对市场的描述中，常常称有一只无形之手使一切走向最佳化。从理论上讲，只要有足够的耐心，市场确实可以发挥自我调整的功能，无须"有形之手"来干涉。如同

人在正常情况下能自我调节应对外部热冷干湿的变化，而在
亚健康或是感染上疾病时需要外界帮助一样，当市场的调整
周期漫长，这种波动又是社会和民众难以承受之重的时候，
就需要"有形之手"的协助。当前的移动互联网领域，知识
产权保护等基础性制度不完善；恶意竞争已成为扩大市场的
有效手段；本土企业"先天"市场能力不足；个人的银行账
号、密码、内部邮件等隐私信息，甚至国家安全都可能受到
侵犯。在这种情况下，需要政府以若干手段加以调节，发挥
"有形之手"的积极作用，以规范整个行业的发展。

在市场"无形之手"的作用下，政府的"有形之手"应
如何操作呢？

第一，将对移动互联网行业的扶持上升到国家层面。
2013 年 8 月出台的《国务院关于加快促进信息消费扩大内
需的若干意见》包含加快信息基础设施演进升级、增强信息
产品供给能力、培育信息消费需求、提升公共服务信息化水
平、加强信息消费环境建设等内容。在此基础上，加强对移
动互联网企业的政策扶持，在税收、投融资等方面给予具体
的配套政策。

第二，要促进实现"百花齐放，百家共鸣"的局面。移
动互联网巨头整合资源，通过并购、收购做大做强，值得鼓
励。而使人类社会现存的产业格局与社会形态，伴随移动互
联网发生了颠覆性变革，需要所有行业都成为参与者。旧的
生产关系和生活方式落伍出局，新的产业生态和游戏规则正
在形成。基于移动互联网全新的产品特点，只有加强对创业
的鼓励，扶持中小企业行业，才能形成新的产业生态圈。

第三，要推动安全性方面的立法。安全性是移动互联
网的敏感话题，关乎每一个个体。国家应该加快互联网安
全标准制定，在身份认证、数据传输、电子交易等方面都

要有可执行的标准，对网络、终端、业务等企业都有严格的规范，并且推动立法。从全球竞争的角度看，国家还应积极参与到国际规则和安全标准的制定中去，以保持在信息竞争中不落后。

第四，要更加注重知识产权保护。从苹果、三星、HTC 的专利诉讼，到摩托罗拉、诺基亚手中的专利筹码，以专利为武器保护市场已是全球业内常态。只有国家创新激励机制，出台鼓励政策，创造"以创新为荣，以抄袭为耻"的行业环境，让企业真正能从创新中获取高利润、高收益，才能培育起有自主研发能力、掌握有专利利器的企业。

第五，还需加大监管力度。开放性为移动互联网带来极大吸引力，其繁花似锦的背后却带来行业监管部门缺乏、监管力度有限等问题。工信部在 2013 年出台了《关于加强移动智能终端进网管理的通知》，要求在未经用户许可的情况下，不能擅自收集、修改用户个人信息，或擅自调用终端通信功能，造成流量消耗、费用损失、信息泄露。作为"有形之手"，要继续加大对类似行为的监管和处罚力度，才能让违规企业付出难以承受的代价，让守法企业获得遵守制度的红利，从而形成互联网生态的良性发展。

演讲要点
The Main Points
of the Speech

中国移动副总裁李正茂在搜狐 IT 的演讲

MWC2014 一个重头戏就是 GTI 峰会。在 2014 年世界移动通信大会（MWC）开幕前夕，中国移动副总裁李正茂做客搜狐 IT《对话》栏目，谈到了 GTI（TD-LTE 全球发展倡议）组织等关于中国移动 4G 的话题。

访谈要点一：GTI 发展成功

GTI 是英文 Global TD-LTE Initiative 的缩写，中文是全球 TD-LTE 发展倡议。虽然是倡议的意思，但不是行动，而是一个 TD-LTE 国际化交流合作的平台，是一个国际组织。

2011 年年初，在 TD-LTE 最后产业化的阶段，GTI 由中国移动倡导，全球超过 8 个主要的运营商共同发起，在巴塞罗那全球移动通信大会上宣布成立。该组织吸引了全球的目光，把中国自主知识产权的 TD-LTE 技术推向世界，推进了我国自主知识产权的 4G 移动通信的全球产业化。因为 GTI 的秘书组设立在中国移动，研究院有一位副院长兼任组织秘书长的缘故，可以说 GTI 是一个由中国，特别是中国移动在里面扮演了核心角色的组织。

GTI 成功发展的标志有两个：一是成员数量。中国电信作为它的第一百个运营商成员加入。除了运营商，还包括设备制造商、终端制造商、应用开发商、测试仪表商、芯片商等七十多个产业合作伙伴。二是推动了 TD-LTE 技术全球商用。全球已经有 28 个商用网在运行，正在建设的网将近 40 个，即 2014 年年底的时候，商用网的个数可能会达到 50~60 个。

访谈要点二：TD-LTE 实现通信人百年"中国梦"

中国移动 4G 商用，已经受到市场肯定。一改过去可能有人认为我们中国的固网或移动通信网平均网速太慢的感觉，在国际上处在比较领先的地位。

中国通信业过去是依赖别人的标准，后来有了我们自己的标准，并且我们把这个标准推向国际。这是一个巨大的进步，可以说是百年通信人的一个梦想，大家非常自豪。

访谈要点三：为什么作为中国的技术，中国不是第一个商用 TD-LTE

有两个因素。一个取决于牌照发放的时间先后，中国 4G 牌照发的更晚一些。第二个是商用规模大小，有些国家规模比较小，商用相对遇到的技术难题少一些，就先商用了；中国建网遇到的难题比那些小的国家、小的运营商复杂很多倍。

访谈要点四：中国移动 2014 年 4G 推进计划

一是 4G 基站部署目标 50 万个，覆盖 340 个城市，将成为全球最大的 4G 网络（是美国最大的运营商 AT&T 的 4G 基站数量的 2 倍还多）。目前已开通 4G 商用城市 20 多个，上半年计划覆盖 100 个，年底前目标 340 个城市。二是 4G 手机年内目标销售 1 亿台；有效带动 5000 万~6000 万 4G 用户。三是市场已开售 4G 千元机，预计二季度会有千元以下 4G 手机上市，下半年几百元的 4G 手机市场将整体爆发。四是工信部已经批准了 40 多款 4G 终端入网，预计 2014 年全年将有超过 300 款 4G 终端上市。

访谈要点五：资费和容量将开辟 4G 时代流量新空间

第一，4G 的网络容量大概平均可以做到 3G 容量的 20 倍以上。这意味着我们平均每个人的流量可以满足的程度比 3G 高出 20 倍。第二，从资费上看，4G 的资费价格比 3G 的单价已下降了 70%，今后还会进一步下降。这将开辟 4G 时代流量的新空间。

访谈要点六：4G 将为个人用户体验带来哪些新变化

一是高速上网带来流量支撑要求高业务的放开使用，如浏览各种视频、找书下载、查画家作品。二是电视、计算机和手机三屏合一。手机可能成个人的内容管理器。三是物联网应用，如对关心雾霾的环境进行监控。四是车联网，4G全面提升了数据通信的能力。

访谈要点七：4G 将带来哪些业务的新变化

一是视频，一大批主业是视频的公司就会得到巨大的发展。二是高清语音，过去我们打电话因为传输容量不够，会把语音进行压缩，音质变差。现在发生了根本性变化，能提供高清的语音，真的是一根针掉在地上的声音都能听见。三是富媒体，现在的短信、彩信今后会变成非常丰富的富媒体应用。声音、视频、图片，凡是一切能数字化的内容，都可能把它变成一种媒体。富媒体能够将各种数字化的内容在网络里进行展现。四是社交网络，4G 网络能满足社交网络应用巨大网络容量的需求。

访谈要点八：LTE 语音解决有三种方案

在 4G 网络中进行通话，目前可以提供三种解决方案，分别是双待机、CSFB 和 Vo-LTE。双待机、CSFB 用的是 2G/3G 网络打电话。Vo-LTE 就是直接在 4G 网上传送语音，将提供高保真的语音。在中国，中国移动预计在 2014 年年底前实现 Vo-LTE 的试商用，基本和美国的 AT&T 差不多。

访谈要点九：TDD 和 FDD 的融合将推动产业链共享

与 3G 时不同，4G 时两种完全不同的技术能够融合在一起。FDD 是靠频率来划分通道，TDD 靠时间来划分通道。两者都是移动通信的历史中同时存在的技术。在成熟程度上，虽然目前好像两者先后、大小不同；但到 2014 年年底，由于中国、印度所做出的贡献，TD-LTE 将加速发展，TDD 的基站总数和 FDD 的基站总数可能相当。在融合进度上，全球已经有两个网络是融合组网，预计在今后的两三年，会开始有大量的商业网络出现。

对所有的参与方，包括运营商、设备制造商、应用开发商、用户，都会从融合中受益。大家共享一个产业链，共享一个生态系统。频谱能得到更有效的运用，更多的频谱可以拿来做 4G。全球变成一个统一的网络，不再有制式之分了，一部手机实现全球漫游。

访谈要点十：多模多频段的终端可以全球漫游

以中国移动和苹果联合推出的中国移动版的 4G 手机 iPhone 5S 为例，其支持五种模式（TD-LTE、FDD-TLE、WCDMA、TD-SCDMA 和 GSM）。我们用多频段解决每个国家的频率不一样的问题，目前已经支持 13 个频段，今后还可能要扩展，实现一机在手，走遍全球。

这个情况就跟过去电视机时代有相似之处，过去电视机有很多制式，不敢到国外买电视机。买回来在中国不一定能用，有图像没声音，或者图像是彩色的，到这儿变成黑白了。而今天很多人都忘掉了电视机还有制式。

访谈要点十一：中国移动在巴塞罗那世界移动大会的看点

一是会有跟企业形象很匹配的一个展览，全面展示 TD-LTE 建网运营的成果，以及要在全球再做一些推动和引领的几个技术，如 Vo-LTE。二是将提出 RCS（富媒体通信）倡议。三是展览将推出多种应用，如个人的云、APP、视频、游戏、音乐、动漫、车联网的应用等，并以此来推广带动更好的产业生态。四是 GTI 成立三周年这一重头戏，盛况将会是空前的。

访谈要点十二：运营商做融合通信较 OTT 的优势

运营商是从端到端来提供解决方案。所谓端到端，是指这一部手机和另外一个用户手机之间要跨越很多网元、网络的元素。运营商将在这整个过程中起主导的作用。OTT 公司主要还是建一些平台，基于运营商网元做一些应用，是在网络的基础上构建一个平台，提供各类通信服务。OTT 公司的好处是实现快，免费，但不一定保证什么样的质量水平。运营商的业务则往往有着质量保证，有了质量保证以后你才有资格去收费。

访谈要点十三：已经在考虑 5G

4G 移动通信的标准 LTE 是 Long Term Evolution，即 3G 建好之后，大家认为 4G 是一个长期的事情，所以是 Long Term，还不知道 4G 的需求。随着 4G 牌照商用，我们已经在考虑 5G 的问题。尽管 4G 已经把容量提升了 20 倍，甚至还多。但如果考虑到 2020 年以后的应用，今天我们就要考虑 5G 的技术。

5G 在国际上已经引起学术界和产业界的关注，欧洲、欧盟已经启动了一个 5G 研发项目，叫 IMT-2020。IMT 的意思就是综合移动通信。中国也启动了 IMT-2020，在国际科技部主导下已经成立了相应的机构。同时韩、日、美等国都在启动相应的计划。一场新的技术的角逐又将开始。

读书笔记

Reading Notes

亚历山大·奥斯特瓦德的《商业模式新生代》

《商业模式新生代》是一本讨论商业模型的书，作者通过介绍商业模式的九个要素（CS 客户细分、VP 价值主张、CH 渠道通路、CR 客户关系、RS 收入来源、KR 核心资源、

KA 关键业务、KP 重要合作、CS 成本结构），介绍了免费效应及长尾理论等大热商业模式，同时利用"商业模式画布"的工具分析瑞士银行、Google、Lego、Wii、Apple 等跨国企业。其中"画布"工具非常新颖，用最简洁的方式让我们了解商业竞争的各个方面。

1. 商业模式框架的九个基本构造

（1）CS（Customer Segments）客户细分

客户细分指想要接触和服务的不同人群或组织。可以通过提供不同的（产品/服务）、不同的分销渠道、不同类型的关系、盈利能力、不同的付费方式等区分。类型包括：大众市场、利基市场、区隔化市场、多元化市场、多边平台或多边市场。

（2）VP（Value Propositions）价值主张

这用以回答商业模式将帮助客户解决哪一类难题，满足了哪些客户需求；提供为客户细分群体哪些系列的产品和服务。每个价值都包括可选系列产品或服务，包括新颖、性能、定制化、把事情做好、设计、品牌或身份、价格、成本消减、风险抑制、可达性、便利性和可用性。

（3）CH（Channels）渠道通路

渠道沟通指如何沟通、接触客户细分而传递价值主张。类型分为自有（销售队伍、在线渠道、自有店铺）、合作伙伴（合作伙伴店铺、批发商）。渠道阶段分为五个部分：认知；评估；购买；传递；售后。

（4）CR（Customer Relationships）客户关系

客户关系指用以描绘公司与特定客户细分群体建立的关系类型，有客户获取、客户维系、提升销售额（追加销售）三种动机。

建立关系的方法包括：个人助理（呼叫中心、电子邮件

等）、专用个人助理（银行经理）、自助服务、自动化服务
（在线定制）、社区、共同创造。

（5）RS（Revenue Streams）收入来源

什么样的价值能让客户愿意付费呢？如何支付？收入来源占总收入的比例如何？定价方式包括固定标价、谈判议价、拍卖定价、市场定价、数量定价或收益管理定价。

可以获取收入的方式包括：资产销售（实体所有权）、使用消费、订阅收费、租赁收费、授权收费、经纪收费、广告收费。

（6）KR（Key Resources）核心资源

核心资源可以是实体资产、金融资产、知识资产、人力资源。用以创造和提供价值主张、接触市场、与客户细分群体建立关系并赚取收入。

（7）KA（Key Activities）关键业务

关键业务指为了确保商业模式必须做的事。不同商业模式有所区别。

关键业务包括制造产品、问题解决、平台或网络。

（8）KP（Key Partnerships）重要合作

重要合作指供应商与合作伙伴的关系网络。

谁是重要供应商？从伙伴那获取了哪些核心资源？合作伙伴执行哪些关系业务？

重要合作有四种类型：非竞争者之间的战略联盟关系、竞合（在竞争者之间的战略合作关系）、为开发新业务而构建的合资关系、为确保可靠供应的购买方－供应商关系。

三种有助于创造合作关系的动机：商业的优化和规模经济的运用；风险和不确定性的降低；特定资源和业务的获取。

（9）CS（Cost Structure）成本结构

成本结构指商业模式所引发的所有成本。有些商业模式

根本就是围绕低成本结构来构建其商业模式。

成本构造分为：成本驱动（如不提供非必要服务的某些航空公司）、价值驱动（如豪华酒店）。成本结构特点：固定成本，可变成本，规模经济，范围经济。

这九个构造块覆盖了商业的四个主要方面：客户、提供物（产品/服务）、基础设施、财务生存能力，可以很好地描述并定义商业模式。

2. 多边平台式商业模式

所谓的多边平台，是将两个或者更多有明显区别但又相互依赖的客户群体集合在一起的平台。每个客户细分群体之间都是相互依存的，并且有自己的价值主张和收入来源。平台成为这些客户群体的中介来创造价值。事实上，多边平台对于某个特定用户群体的价值基本上依赖于这个平台"其他边"的客户数量。平台运营商通常会通过为一个群体提供低价甚至免费的服务来吸引他们，并依靠这个群体来吸引与之相对的另一个群体。比如腾讯的 QQ 是免费的，巨大的用户群使得无论开发什么业务，都能找到收入来源。

整体模式的核心资源是平台，有三个关键业务，分别是平台管理，服务提供和平台推广。价值主张通常在三个方面创造价值：第一是吸引各用户群体；第二是作为客户细分群体的媒体；第三则在平台上通过渠道化的交易降低成本。

这个模式感觉特别适用于现在移动互联网竞争中希望能成为产业链主导的各大企业，如腾讯、谷歌、中国移动。

比如谷歌，提供免费的业务（如搜索、谷歌地图）吸引更多的用户，提升了对广告主的吸引力，从广告主这儿挣了钱。核心的资源是搜索平台，价值主张是"能从内容（流量）中挣钱"，三个关键业务可以定义为：建设和维护搜索基础设施；管理三个主要客户细分群体（新用户内容拥有者广告主）；向新用户、内容拥有者和广告主推广其搜索平台。

书中还描述了苹果从 iPod 到 iPhone 的产品线演进就是公司向平台运营商演变的过程。iPod 是一款独立的设备，而 iPhone 演变成了一个强大的多边平台，通过应用，苹果公司控制了这个平台上的第三方应用程序，对每个程序抽取 30% 的分成。

3. 长尾式商业模式

菲利普·科特勒在《营销管理》中对"利基"的定义是：更窄地确定某些群体，这是一个小市场并且它的需要没有被服务好，或者说"有获取利益的基础"。长尾式商业模式就是为利基市场提供大量产品，每种产品相对而言卖得都少，但销售总额可以与传统的面向大量用户销售少数拳头产品的销售模式媲美。核心是"多样少量"。典型应用如在线拍卖网站 ebay，基于数量庞大者交易小额非热点商品而成功。

利基内容供应商是这个模式的重要伙伴，价值主张是广泛而非核对拳头产品，核心资源是平台，关键业务包括平台开发和维护、利基内容获取和生产。通常会用互联网方法作客户关系或交易。主要成本是平台开发和维护（包括线下的物流）。

以媒体行业的微电影为例，因为三个经济激发因素而引发了这种商业模式。一是生产工具的大众化。有兴趣的普通人已经可以很容易找到拍摄微电影的工具。二是分销渠道的大众化。互联网使得数字化的内容可以分发成为商品，而其基本无库存，沟通成本低，交易费用少，开拓市场容易。三是连接供需双方的搜索成本不断下降。微电影能有市场，关键在于找到有需求的潜在买家。现在强大的搜索、推荐引擎、用户评分、兴趣社区已经让这些容易多了。

这也演化成为 Web 2.0 时代的 UGC，使用者分享，使

用者获利。典型应用如中国移动的"G 客 G 拍"（http://
video.sina.com.cn/z/gke/），只要是原创内容，都可以上传影
片到活动专区；这部分的视频会上载到中国移动"手机视
频"业务区，观看者点播付费的 20% 归创造者所有。据说
有一年某月度冠军《杀手童话》一个月的分成达到 11.4 万。

这个模式对图书出版的改革也很有借鉴意义。如 LuLu.
com 就提供一个人人都能出版作品的服务。对作者的价值主
张是"降低了图书出版门槛"，为其提供清样、出版、在线
作品分销等服务；对利基的价格主张是"满足特别的阅读需
求"，为特定的读者提供特定读物。看起来，LuLu 更像一个
多边平台，吸引了多个客户群体，吸引的作者越多，就越可
能成功，这些作者也会成为消费者。

书中举了乐高工厂的例子。用"乐高数码设计师"
（LEGO digital designer）软件，鼓励客户自己发明和设计，
完成自己的玩具套件。而这部分玩具套件还可以出售，补充
了乐高的设计。

4．免费商业模式

互联网常常被称作免费的经济。免费怎么赚钱呢？书中
列举了三种让免费成为可行商业模式的式样。这三种模式里
至少有一个客户细分群体持续从免费的产品或服务中受益。

（1）基于多边平台（基于广告）的免费产品或服务

这是多边平台的一种表现形式。免费的产品或服务带来
大量平台流量，提升了对广告主的吸引力。反过来，平台
允许通过收费补贴免费产品和服务。涉及的成本主要是开发
和维护平台；可能也会出现流量生成和流量保持的成本。如
facebook 就是采用这种模式。

这也引发了新闻报纸是免费还是不免费的思考。

（2）带有可选收费服务（所谓"免费增收"）的免费基

本服务

基础免费，增值收费。这似乎是目前移动互联网上各APP 常用的收费模式。一般客户关系必须实现自动化和低成本，同时能处理大量免费用户，最重要的经营度量标准是免费用户转化为付费用户的转换率。据测算，大概有不超过所有用户 10% 的用户会订制收费的增值服务，这些费用将用来补贴免费用户。只有在服务额外免费用户的边际成本极低的时候才可行。

如 Skype，这个扰乱了电信市场的免费通话服务。除了后端软件和用户托管服务外，Skype 基本没有自己的基础设施，这使得其成本极低。用户只有在呼叫固定电话和移动电话时才需要付费（这种增值服务叫 SkypeOut），在设备间（计算机或智能电话）互通电话是免费的，用来通话的软件也是免费的。

保险业的模式是一种颠倒的免费增收——大多是用户定期支付小额费用，补贴发生了实际需求的少量客户。

（3）"诱钓"模式

该模式即使用免费或廉价的初始产品或服务来吸引客户重复购买。也就是开始用补贴甚至亏本提供，目的是使客户后续购买产生利润的产品或服务。通常需要强大的品牌，重要的成本结构元素包括初始产品的补贴和手续产品及服务的生产成本。很关键的是在初始产品和后续产品或服务之间的强连接或是锁定关系。

典型例子是吉列的"剃刀与刀片"——极低折扣销售剃须刀片架，甚至作为其他产品的赠品，以此创造一次性刀片的需求。这或者也是当年柯达胶卷的商业模式，只是它没有跟上时代的步伐。还有移动通信行业的"免费送手机"，也是这种模式的运用。

5．开放式商业模式

开放式商业可以用于通过与外部伙伴系统性合作来创造和捕捉价值的企业。创造了这个术语的亨利·切萨布鲁夫认为，在一个知识分散为特征的世界里，组织可以通过对外部知识、智力资产和产品的整合创造更多的价值，并能更好地利用自己的研究。

（1）可以是"由外到内"

将外部的创意、技术和智力资产引入内部的开发和商业化流程，以此提高内部研发资源和业务效率，这种成果成本会更小，并且可以缩短上市时间。如宝洁，将"创新"作为公司核心后，并没有对研发部门大幅投资，而是建立了"从关注内部研发到关注开放式研发过程的转变"。主要用了三种方式：一是利用公司内的技术创业家与外部大学及其他公司的研究人员建立良好关系；二是利用互联网平台公布自己研究上的难度，对解决方案提供现金奖励；三是专门推出了YourEncore.com网站，从退休专家那里征求意见。

（2）也可以是"由内到外"

将企业内部闲置的创意和资产转化成价值主张，提供给感兴趣的客户细分群体，这将带来更多潜在的收入，也将促进相关行业的良性发展。如葛兰素史克（世界领先的制药业巨擘，中美史克就是其在华合资企业）制作了专利池，汇集了来自不同专利持有者的知识产权，特别是那些与贫困国家有关的疑难病症专利放入专利池后，让贫穷国家更容易获得，也算是造福了大众。而对于葛兰素史克来说，主要是专注于研究畅销药，专利池使未被深入研究的闲置专利发挥了更大的价值，并且促进疑难病症的研究。

这种商业模式还创造了作为中介商的"连接器"，如Innocentive，它是一个在全世界范围内连接了求解者"需要解决研究的企业"和解决者"渴望解决难题的研究专家"的中介机构。企业公布难题，专家提供解决方案，对解决问题的方案提供奖励金额。这又是一个多边平台的商业模式。

6．非绑定式商业模式

这个模式的基础基于以下三种理论基础：一是存在着三种不同的基本业务类型，分别是：客户关系型业务、产品创新型业务、基础设施型业务。二是三种类型有不同的经济驱动因素、竞争驱动因素、文化因素，专注的价值信条不同。对产品创新型，专注产品领先，速度是关键，要以员工为中心，鼓励创新文化；对客户关系型，亲近客户价值信条，范围经济是关键，寡头占领市场，保证"客户至上"的文化氛围；对基础设施型，关注于卓越运行，规模是关键，寡头占领市场，特别关注成本。三是这三种类型可能同时存在于一家公司里，但理论上这三种业务要"分离"成独立的实体。

书中举了瑞士私人银行的例子，说明三种业务绑定情况下引发的冲突和不利的权衡妥协。其中 Maerki Baumann 采用了非绑定式商业模式。即将面向交易的平台业务分拆为驻内银行（Incore Bank）实体，为其他银行和证券提供银行服务（交易平台）；而其本身则专注于建立良好的客户关系，并提供咨询服务。想想也有道理，我们向银行咨询理财，银行总销售自家产品，这种公信力总是不够的。另一家私人银行 Pictert 银行则坚持"整合"的模式。这家有 200 多年历史的银行，有良好的客户关系、大量的客户交易、自己设计的金额产品，可以说集上述三种模式为一体，取得了成功。

书中还举了移动电信行业业务分拆的例子。传统的电信运营商竞争围绕着网络质量，但现在更应该突出与竞争者共享网络，或将网络运营外包设备制造商。因为运营商的核心资产将不再是网络，而是它们的品牌及客户关系。因此，电信运营商应该根据上述业务不同而相对独立于不同的运营实体，分别为电信设备运营商、专注于业务的运营商、内容供应商。

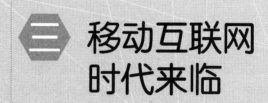

三 移动互联网
时代来临

什么是移动互联网

移动互联网（Mobile Internet）的定义有很多，通常是指将移动通信和互联网二者结合起来，成为一体（来自百度百科）。如果从用户角度出发，移动互联网则可以描绘为："移动的客户从自身需求出发，能够通过以手机、移动互联设备为主的无线终端随时随地接入互联网，来消费内容或／和使用应用。"

移动互联网不仅仅是在手机上使用互联网，也不仅仅是桌面互联网的移动化。移动互联网把手机独有的位置、随身携带、实时移动等功能和互联网这一新技术有机结合起来，创造出很多新应用、新模式，形成产业互联网化、互联网产业化两大趋势。

移动互联网的七大特点

——移动性。从 2G、3G 到 4G，移动通信技术的发展使智能终端随时随地接入互联网，互联网逐步移动起来。特别是因为 4G 的高速解决了传输瓶颈问题，真正实现了移动宽带，让长久以来被网线所束缚的互联网获得自由。

——便携性。移动互联网的基础是智能终端，智能终端属于个人随身携带物品。而智能眼镜、手表、手环等穿戴设备的兴起使智能终端成为人类身体器官的延伸。

——即时性。由便捷性和便利性引发而来。碎片化时间，即可使用互联网。另外，对互联网反馈速度的需求也进一步提高。

——私密性。有报告显示，92.8% 的安卓手机用户在手机中存放隐私，智能手机已经成为隐私最多的设备。隐私通常包括两个部分：一个是私人信息，另一个是生活习惯的隐私。

——大数据。由于即时性、移动性等特点，信息的输入源由于节点的增加而大大增加，移动互联网有海量信息。移动互联网最大的机会在于每一部智能手机背后是一个用户丰富立体的消费习惯信息。

——个性化。移动互联网的每一次使用都精确地指向了一个明确的个体。再加以大数据技术，移动互联网能够为每一个体提供更为精准的个性化服务。

——智能化。电视、汽车等传统设备的智能化衍生出新形态。同时，除了人机交互更加智能，更重要的是重力感应、磁场感应，甚至人体心电感应、血压感应、脉搏感应等传感器使通信从人与人通信向更智能的人与物以及物与物演进。

移动互联网发展的
三大要素：端、管、云

1. 端

硬件性能、操作系统、APP 应用使智能终端已经成为便携、能满足多种功能的超级移动互联网载体。

从形态上看，设备历经了五次较大变化：大型计算机、小型计算机、台式计算机、个人计算机、移动智能设备，逐步演进成移动互联网业务的重要载体，成为工作、生活、娱乐不可或缺的一部分。在演进过程中，呈现出个人化、移动化、融合化三大趋势。

——个人化。1985 年，微软发布基于 Intel 芯片、Windows 操作系统的个人计算机，开启了个人计算机时代。Microsoft Windows 操作系统＋ Intel CPU 所组成的个人计算机架构成为市场主导。

——移动化。随着移动通信网络的演进，平板电脑、智能手机等移动设备兴起。2007 年，苹果 iPhone 手机面世，引发移动智能终端大发展。

——融合化。2012 年，谷歌眼镜发布，可穿戴设备开始兴起。基于各操作系统的各种类型智能设备之间逐步融合发展。

2007 年是智能终端发展的重要一年。这一年，iPhone 手机问世，触摸的人机交互方式、创新的 APP Store 商业模式引发移动智能终端发展。2007 年，谷歌宣布推出 Android 手机操作系统，首款 Google 手机 HTC G1 面世；亚马逊发布了第一代 Kindle，开始进军电子书阅读器市场；诺基亚宣布正式转型移动互联网服务提供商。互联网开始向移动互联网发展。

在中国，2009 年通常被认为是 3G 移动互联网元年。而这一年，苹果 iPhone 终于进入中国市场。在模拟时代大放异彩的摩托罗拉也第一时间推出了第一款 Android 手机 Cliq（国际型号称 DEXT，美国称为 CLIQ，国内称为 MB200。）

硬件处理能力提升、操作系统支撑、应用爆发等因素带来了智能终端的多样化功能，MP3、MP4、相机等多种电子消费产品逐步被智能手机终端融合吸收；同时，随着细分市场的差异化需求，智能终端也在向可穿戴等更丰富的形态衍生，进入泛终端时代，同时造成了新一轮的产业革命。

根据 ITU 数据，预计到 2014 年年底，全球手机用户数将达到约 70 亿，接近全球人口总数；而 IDC 的数据则表明，全球手机年出货量接近 20 亿台，其中智能机将超 12 亿台。

在手机品牌上，回顾通信史，每一个通信制式商用都会造就 1~2 个明星终端厂商，如 1G 时代的摩托罗拉、爱立信，2G 时代的诺基亚，3G 时代的苹果、三星。而在 4G 时代，诺基亚、索尼、摩托罗拉三个洋品牌已不再辉煌，随之而来的是国产手机的崛起。无论是从工信部入网材料，还是实际销售产品，国内厂商都已过了半壁江山。中兴发布了能看星星的手机；酷派除频频发布破价位手机（比如第一款千元 4G，第一款千元 4G 双卡）外，也能通过打安全品牌，卖 3000 元以上的高溢价产品；华为通过长期高投入研发，拥有自己的核心技术，手机基本采用了自己旗下的华为海思芯片。雷军在 2014 年 11 月乌镇的"世界互联网大会"上表示，小米已经是世界第三大出货手机，还将继续追赶苹果。OPPO、VIVO、金立、朵唯等公开市场品牌凭借对公开渠道的把控，也逐步成为 4G 品牌主力。

在操作系统上，经过功能机、塞班系统，已进入以 iOS 和 Android 为代表的智能机时代。Android、iOS 和 Windows Phone 被称为三大手机操作系统，其中 Android 系统以全球近 80% 的份额成为主导。除此之外，Firefox、ubuntu 等新系统也不断涌现。在国内，各手机厂商纷纷通过定制化开发 Android 系统，从界面效果、系统功能和内容服务三个方面进行提升，以更好地满足本地化用户需求，如华为的 Emotion UI（简称 EMUI，中文名情感 UI）、OPPO 的 Color OS（走小清新路线，整体清新别致）、锤子科技的 Smartisan OS（主要从美观、细节设计、人性化上下功夫，用九宫格设计，图标采用拟物化图标，挺特别）、魅族的 Flyme OS（操作简单，界面素雅，诸民间大神还将其移植到多款手机）、HTC 的 Sense（走炫酷而华丽路线，颇多景象方面改进）等。在中国自主操作系统上，目前已有同洲 960、COS 等，但在一个已成熟的操作系统市场中有待破局，还未形成规模应用。用雷军的话来说："做手机操作系统不难，难的是建立操作系统上的生态系统。"但也不是没有机会，在新技术和新领域出现的时候，新型操作系统具备成长机会，例子如 Android、iOS 之于 Windows。在穿戴式设备、车联网等新领域的发展过程中，中国自主操作系统还可以寻求新的发展机会。

在互联网时代，硬件的价值在于为企业核心战略服务。下面以亚马逊 Fire Phone 智能手机为例。

2014 年 6 月，亚马逊发布了 Fire Phone 智能手机。这不是亚马逊第一次出硬件产品了，亚马逊曾经推出过 Kindle Paperwhite 电子书阅读器、Kindle 系列平板电脑。亚马逊首款智能手机 Fire Phone 是什么样的呢？

如果只从硬件配置上看，可以用"平淡无奇"来形容：4.7 英寸 720p 显示屏、2.2GHz 高通骁龙 800 处理器、2GB RAM、32GB ROM、1300 万像素主摄像头，搭载基于 Android 系统深度定制的 Fire OS 系统。当然我们不能说

Fire Phone 配置差，只是与三星、HTC、苹果等旗舰产品相比有些差距。目前主流品牌的旗舰产品，基本用的都是骁龙 801 四核处理器，至少都是 1080p 分辨率屏。高配机型已经开始往骁龙 805 处理器、QHD（1440p）走。再看看 Fire Phone 的售价，199 美元合约价、649 美元的裸机价，恐怕不少对它期待已久的客户会有一点点失望。

Fire Phone 本是为吸引用户在亚马逊购物而存在。就像亚马逊一贯坚持硬件应该是为自身战略服务，亚马逊推出 Fire Phone 手机的最终目的是勾起用户无穷尽的购买欲，吸引用户使用亚马逊服务，吸引用户直接在亚马逊购物。亚马逊希望的是，你买了这部手机，你未来会不断使用这部手机在亚马逊购物。

——第一大亮点是用 4 个摄像头打造出来的 3D 动态视角。3D 技术发展了这么久，不能算是新鲜事物。我们知道，3D 显示技术在科幻电影中出现的频率非常高。在手机上的运用，有 2011 年 LG 推出的带双摄像头的手机 P920 和 HTC 的 EVO 3D，主要是通过视差障壁的原理来实现裸眼 3D。而 Fire Phone 的 3D 显示技术则更高级一些，按亚马逊官方说法是"动态视角"技术。Fire Phone 正面配置了 4 个在水平和垂直方向都是 120° 的摄像头，通过这 4 个摄像头和相应的软件来追踪用户的观看角度和距离，每秒刷新 60 次，然后反馈在屏幕显示的内容上，以此呈现 3D 的显示效果，可以说是基于面部追踪技术的拓展。我们可以想象，当使用 Fire Phone 手机进行网购时，商品活灵活现跃然屏上，大家会产生多么大的购物冲动。在 Fire Phone 上，还支持使用"动态透视"技术实现翻页和划动屏幕，也就是在不用手接触屏幕的情况下，只需改变视角就可以对手机进行各种操作，这是一种全新的手机交互方式。

——第二大亮点是能"扫描一切"的 Firefly（萤火虫）功能。启动特定的按钮，Fire Phone 就能扫描各类图像。除了二维码、条形码外，还可以扫描各种物体，比如一本书、一张 CD 或一瓶香水，甚至是正在播放的电视节目。通过扫描，Firefly 可以给出相关的信息，包括产品的价格、参数，对电视剧，还能识别出哪部剧的哪一集，有哪些演员出演，剧情是什么。识别后，亚马逊还将自动提供购买（实物）或下载（音乐、视频）的渠道。目前 Firefly 的宣传视频以识别音乐和书籍为主，那是因为这些产品标准化程度较高，容易识别。其他物体可能难度更大一些，比如智能手机，同质化比较严重，不同品牌、型号差别可能并不大，需要很强的识别和分析能力。据亚马逊创始人、CEO 贝索斯在发布会上介绍，Firefly 现在能够识别 1 亿件物品。总之，不管是食物、衣服、化妆品、美食、电影，只要你敢扫描，亚马逊就敢识别，并为你提供购买渠道。

——第三大亮点是亚马逊独具特色的"云计算"服务。云计算领域一枝独秀的亚马逊也将云的优势发挥到了手机上。比如支持亚马逊的无限量云端照片存储服务；搭载的音乐服务 Prime Music 提供百万首歌曲下载，并且完全无广告；亚马逊金牌服务可点播超过 4 万部电影、电视剧，支持 MayDay 全年 365 天 24 小时线上技术支持，用户可通过视频与客服沟通解决技术故障等。除了增加卖点，亚马逊还希望所提供的服务能将用户拉进自己的生态。

动态 3D 显示、头部交互、图像识别，以上三项技术让亚马逊手机 Fire Phone 成为最近两年来最具想象力的智能手机。很难说 Fire Phone 这款手机本身能否大卖，毕竟这是亚马逊的第一款手机。然而我觉得，在各大厂商的发布会上，当更多的核、更高的主频、更大的 RAM、更大的屏幕、更高的 PPI 成为主要卖点的时候，当手机评测逐渐模式化、越来越像当年的 PC 评测的时候，Fire Phone 告诉我们，手机不仅只有比拼性能这一个玩法。

2. 管

在移动通信史上，大概每过 10 年，就会有一个技术升级。

——1G：1983 年美国 APMS 商用，进入 1G 时代。1G 主要是语音通信，传输速率为 2.4kbit/s。

——2G：1992 年芬兰 GSM 商用，进入 2G 时代。2G 实现了语音通信向数据通信的转变，传输速率达到 64kbit/s。

——3G：2001 年，日本 WCDMA 商用，进入 3G 时代。3G 主要有三大标准，其中 2008 年中国提出的 TD-SCDMA 标准是全球 3G 标准之一。进入 3G 时代以来，数据传输速率达到 2.8Mbit/s。

——2009 年瑞典、丹麦 LTE 商用。2013 年年底，中国进入 4G 时代。4G 传输速率达到 100Mbit/s，是 1G 的 4 万余倍。

4G 具有高速率、低时延、永远在线三大优势，特别适合移动互联网业务。100Mbit/s 的高速率解决了无线传输的瓶颈，满足了用户随时随地移动接入体验；因为采用通信端到端的制式，交互速度非常快，原来在 3G 可能需要几百毫秒的交互时间到 LTE 时代可能变成了几十毫秒；因为永远保持一个 IP 随时能够唤醒的状态，4G 可以保持永远在线，随时可以发起业务，不用再登记注册。举几个应用场景的例子。

——即摄即传。广东电视台首次在人流集中、建筑众多等通信条件复杂的天河体育中心成功实现了对广州迎春花市的电视直播；即摄即传还可用于体育赛事直播、重大活动直播等重要转播中，电视转播不再受传输线缆的制约，视频类节目迎来无线高清直播时代。

——视频监控。利用 4G 网络的高速度、低时延等特性，在大型展会或体育赛事现场，各种定点监控设备变成可移动的高清视频监控设备。

——厦门高崎国际机场公安分局的警车顶着像机器人"瓦力"眼睛一样的高清探头，基于中国移动的 4G 技术，这三台高清探头拍摄的 1080p 画面，通过 4G 网络，高速上载至机场公安指挥中心。

预计 2020 年，我们将跨入 5G 时代，传输速率将达到 10Gbit/s，与光纤相近，是 4G 的 100 倍。

· 支持速率：上行 50Mbit/s，下行 100Mbit/s
· 支持业务：高清 IP 语音 / 视频通话、高清音 / 视频
　　　　　多媒体、电视直播，M2M 实时传输……

4G

永远在线
时延 ×1/2
速率 ×10

· 支持速率：上行 5.76Mbit/s，下行 14.4Mbit/s
· 支持业务：社交媒体、标清音频 / 视频

3G

· 支持速率：上行 118kbit/s，下行 236kbit/s
· 支持业务：语音、短信

2G

4G 具有高速率、低时延、永远在线三大优势

3. 云

2012 年 9 月 18 日，科技部公布《中国云科技发展"十二五"专项规划》，以加快推进云计算技术创新和产业发展。

曾有人以 21 世纪的云与 20 世纪的电力相比较，认为都是一个伟大的技术革命，并由此引发了生产力革命。云计算是移动互联网时代各类业务和服务的承载平台，通过把大量的 IT 资源、数据、应用等高度虚拟化资源管理起来，组成一个大的资源池。

做移动应用开发，离不开云。开发者可以从公用云和私有云两个角度考虑。

对于公用云，可以利用第三方提供商（如中国移动）为用户提供的能够使用的云，免费或低成本取得服务。比如满足用户旅途中的诸如推荐心仪景区和餐馆、分享照片或视频剪辑等需求。对于私有云，可以依据用户需要开展云服务应用实践，提出一些有价值的云服务模型和架构，为用户整合资源，向云服务的总体方向探索。锦江酒店集团的"云化的中央管理系统"就很值得借鉴，其将下属成员酒店的机房全部取消，实行总部中控制，把分散的 IT 投资成集中化投资。一方面减少了业主成本，另一方面更有利于推广集团的管理标准，提高了自身的核心竞争。

移动互联网的一切内容和应用都将投入"云"中，云计算服务改变了互联网产品开发的模式，对移动互联网公司来说，按需使用的资源供应方式使其基本可以零资产运营；而超级数据中心逐渐成为 IT 资源和服务的提供者，蕴含巨大商业机会，带来了将服务向智能化发展的绝佳机遇，改变

利用 4G 网络即摄即传

了互联网盈利模式。新出现了一个名词叫云营销，能为用户提供更好的体验和更加个性化的服务。比如在日本麦当劳，O2O 做得非常好。用户在手机上下载优惠券，去餐厅用运营商 DoCoMo 的手机钱包优惠支付。运营商和麦当劳搜集相关消费信息，例如经常买什么汉堡，去哪个店消费，消费频次多少，然后精准推送优惠券给用户。大数据和云计算像是一个硬币的正反两面，紧密结合在一起。《大数据时代》作者维克托·迈尔·舍恩伯格用四个 V 的特征描

述给大数据下了一个定义：一是数据体量够大（volume）；二是数据类型够多（variety）；三是数据价值密度低（value）；四是具有实效性（velocity）。三分技术七分数据，可谓得数据者得天下。

根据数据所提供价值的不同，有三种大数据公司，一是数据本身，如twitter，将海量数据授权给别人使用；二是数据技能，咨询公司技术供应商或者分析公司，如为沃尔玛服务的天睿公司；三是数据思维，挖掘数据新价值的独特想法，如 jetpac，通过用户分享到网上的旅行照片来为其推荐下次旅行的目的地。

像亚马逊就很好地诠释了大数据营销的力量，其超过 30% 的销售量是通过大数据分析和精准推荐带来的。阿里巴巴也是一个成功的大数据利用例子，将电子商务公司转型为金融公司、数据服务公司，改变这些行业的游戏规则。

那么是不是一定要"大"数据才有用？近日看到一个解放战争中"小数据"助力打胜仗的故事。辽沈战役打响后，林彪要求每天深夜都要进行军情汇报，由值班参谋读出各个纵队、师、团用电台报上来的当日战况和缴获情况，包括每支部队歼敌多少、俘虏多少，缴获的火炮、车辆多少，枪支、物资多少……某一天，林彪就胡家窝棚战斗的缴获提出了三个问题："为什么那里缴获的短枪与长枪的比例比其他战斗略高？""为什么那里缴获和击毁的小车与大车的比例比其他战斗略高？""为什么在那里俘虏和击毙的军官与士兵的比例比其他战斗略高？"由此得出了敌人的指挥所就在这里的结论。

这堆数据很小，且杂乱无序，但集中挖掘后，也可分析出研究对象的内在规律，也能起到大作用。那么如何用好大数据呢？

首先数据意识很重要。不用纠结于是不是大数据，先把数据建立起来。我们已经进入了一个一切都可以被数据化的年代，微博是数据化了的思想和观点，签到网站是数据化的位置，地图是数据化的地理场景。而无处不在的传感器更是让量化一切变成了可能。当这个世界被植入了感知、计算、通信，任何人/物都会成为一个数据源。一切状态和行为都能量化，能够在数据空间中被操作。

其次从商业社会的角度理解数据。大数据在各行各业衍生出各种应用。谷歌、亚马逊等公司是发展大数据技术的主要推动者。据华尔街报道，亚马逊于2013 年 12 月获得"预期递送"新专利。在我们点击"下单"之前，亚马逊能把预递送的商品存放在快递公司的寄送中心或卡车上。大数据发展到今天，技术已不是问题。我们不仅是在数据上下功夫，更关键的是要与现实生活相结合。种种数据，只有及时高效的挖掘利用，能够形成预测，能够助于商务决策，才是关键。

最后要懂得借力而为。对于大多数企业来说，企业自己建设 IT 系统，自己从头开始积累数据，费心费力费钱，且收效甚微。有三种解决方案，一种是联合行业或价值链上下游共同开发，促进企业共同发展；一种是做外包，把 IT 建设外包给合适的服务商；而最好的方式是借助一个好的平台，节省自己开发大数据的成本，企业将所有精力投入到客户开发上就好。在这方面，运营商无疑有着天然的优势，拥有大量用户相关数据，而且准确度高；而在通信管道基础上搭建"云 + 大数据"的基础设施，能让平台上的各用户群体打开"开关"即可使用。

数据不在大小，能够助于运营发展就有价值。推动大数据研究的动力还是企业的经济效益。数据之美不在大小，而在于是否真的能为企业带来好处。

如同在城市规划中水电是社会公用基础设施一样，"云 + 大数据"也将逐渐建成基础设施服务，让平台上的各用户群体打开"开关"即可使用。

延伸阅读

Extended
Reading

从"美好，即将开始"到"你好，我来了"
——中国电信的 4G 新时代

继 2014 年 7 月 15 日首批 16 个试点城市后，中国电信在 8 月 28 日又获准扩大 LTE 混合组网试验范围，新增 24 个商用试点城市，包括北京、天津、广州、佛山、东莞、福州、厦门、泉州、长沙、昆明、哈尔滨、长春、贵阳、沈阳、太原、呼和浩特、银川、西宁、苏州、无锡、南通、宁波、温州、金华。于是，我们看到那位可爱的小朋友，展开双臂，在城市的各个角落，说着"你好，我来了"。中国电信进入了新一轮的 4G 业务拓展，如 9 月 1 日，福建电信开放天翼 4G 套餐预约；9 月 5 日，浙江电信在宁波、温州、金华正式开售 4G 套餐；9 月 10 日上午，中国电信在北京举行了天翼 4G 品鉴会。天翼 4G 终于要发力了。中国 4G 进入了一个崭新时代。

1. 重回三分天下局面

在 40 个城市中，虽然有所谓的一、二、三线城市之分，然而毫无疑问，其收入和用户数总和在电信全网的比重已过半。在某些省份，这个比重甚至更高，如福州、厦门、泉州三城市历来占据福建的半壁江山以上。这为中国电信增量带来重大利好。可以说混合组网试验深度扩容后，三家运营商在 4G 竞争中将回归相对平衡状态，下一步完全有可能形成三分天下的局面。

2. 终端迈入世界主流轨道

中国电信的天翼终端在 2G、3G 时代劣势颇为明显，以至于 4G 时代初期只有数据卡套餐。这个状况在首批城市获得 FDD 试验网许可后有了一定的改善，王晓初董事长在今年的"2014 年天翼手机交易会"上称之为"百花齐放的春天"。目前中国电信力推的"全网通 4G"终端策略（当然只能用中国电信的 4G，其他运营商制式只能待在 2G 上）能否迅速降低用户使用 4G 的门槛，尚不得而知。但其看重的 FDD 制式，则让中国电信迈入了全世界 4G LTE 终端的主流轨道。

3. 延续传统优势

谁说发展 4G 就只有手机用户？从 2010 年开始，中国电信用近四年的时间，投入了超过一千亿元，建设中国电信的宽带中国光网城市，为 4G 发展奠定了基础。中国电信的宽带优势可以让其家庭产品发展提速，比如近期发布的悦

me 产品将抢占家庭入口。中国电信的另一个重大优势是行业客户，占比在三家运营商一直是最好的。在智能手机用户发展日益饱和的情形下，万物互联将是下一个百亿级市场。

4. 加速企业运营转型

营改增、营销费用压降，是每个运营商都要面临的挑战。相比之下，三家运营商中任务最重的并不是中国电信。习惯于用更少成本来挑动市场、发展用户的中国电信可以在这个行业整体转型的时候，借鉴第一批试点城市的运营经验，用更快一点的速度，调整成本结构，转变发展模式，找到产品、客户和渠道匹配的最佳点，快速发展 4G。

5. 保障互联网新业务布局

2013 年，中国电信提出了企业二次转型的目标，用五年的时间再造一个中国电信，即在 2017 年，业务收入的总量上要再造一个中国电信。话音业务是下降的，流量经营增长也是有限的，要再造一个中国电信，收入来自哪里？来自于互联网业务。中国电信提出在 2017 年，互联网经营的新型业务占比要超过业务收入的 50%。4G 是移动互联网的基础，将为中国电信在 WiFi 覆盖、有线宽带之外的各类应用、业务提供高速率、高性能的无线宽带保障。

6. 重新激发员工士气

有人戏言，中国电信在竞争中已经憋了太久了。FDD 试验网的扩大，为中国电信，特别是基层员工带来了信心。正如当年北伐军出征前要公布一封"国民军告将士书"，师出有名、鼓舞士气一直都很重要。在移动互联网这个去中心化的时代，基层的力量一旦激发，则冲力不可估量。两军交战，贵在士气。"决战 4G"的迫切与斗志，会让勇者胜出。

4G 终将带我们进入一个新时代。这个时代，对运营商来说，不再是"不是东风压倒西风，就是西风压倒东风"，互联网的跨界让竞争范围早早扩展到了互联网公司、信息公司。4G 对每个运营商都是当下的一个机遇。希望运营商能够一起抓住这个机遇，共同引领 4G 时代！

延伸阅读

Extended
Reading

盘点 4G 终端商用这一年

2014 年 12 月 4 日是中国 4G 商用一周年的日子。在 2013 年 12 月 4 日，工信部给三家运营商都颁发了 TD-LTE 牌照。弹指一挥间，流水又一年。因为 4G 的高速解决了传输瓶颈问题，真正实现了移动宽带，移动互联网时代来临了。作为移动互联网载体的终端，在这一年改变了什么？

1. 全面进入了 4G 时代

如果以开车作为比喻，3G 发展是松开油门向前滑行，而 4G 发展如紧踩油门快速前进。自 6 月起，4G 手机单月入网数量已超过 3G，4G 品牌已超过百家；从 7 月起，700 元以下款型大幅增多，千元机入网款型占比超过 70%；TDL 手机的销售在第三季度已超过 TDS 手机，而 11 月中国移动单月 4G 终端销量已突破千万。在这种情况下，可以说 2014 年基本上已经完成了 3G/4G 的切换，中国全面进入了 4G 时代。

2. 真正带来了移动互联网

4G 网络建设和应用普及远超预计。如中国移动，2014 年年初制定的目标是全年建设 4G 基站 50 万，销售 1 亿部 4G 终端。记得当时业界对这两个数字还是颇持怀疑态度。而最终，TD-LTE 基站到年底达到 70 万，超过 3G 网络近

6 年的建设总量，覆盖超过 300 个城市，建成了全球最大的 4G 网络；基本实现县级以上城市和发达乡镇的网络覆盖，将带来 7000 万的用户；4G 终端除了销售 1 亿部，还实现了高中低不同价位的百花齐放。作为承载移动互联网业务的重要载体，终端承载新业务后形态的拓展包括："三新"（新通话、新消息、新联系）手机即将面世；将人与人通信拓展到人与物、物与物的沟通等。

3. 4G 手机价格已探到 299 元

曾几何时，手机是困扰移动通信产业的瓶颈（想当年的 TDS 手机），而 4G 用全球化、规模化、低成本化降低了用户使用终端门槛。记得在 3 月份，酷派常务副总裁李斌在接受采访时曾表示 4G 手机预计年内将覆盖 299 元价位，而当时面对 4G 手机仍在 2000 元以上高位、千元手机还未能普及的状况，人们半信半疑。而在 4G 商用一周年后，我们真的可以用 299 元买到一部 4G 手机了。三家运营商都在不同场合表示出将推动更低成本 4G 智能终端，以服务于更多用户。从 3000 元以上的高端价，到千元价位段，再到下探到 299 元价位，4G 手机的价格一路下滑，极大地推动了手机的普及。

4. 融合了 FDD/TDD 的全网通走红

和 3G 手机不同，4G 手机追求的是 FDD/TDD 融合，再加上在 LTE 建设初期，全球大多数 LTE 运营商（包括中国三大运营商在内）通常还会运营 3G/2G，因此还需要为 LTE 用户提供 3G/2G 服务（比如回落），与其无缝交互。因此终端的多模多频对 4G 运营具有重要战略意义。也就是一部手机上，要能同时使用 TD-LTE、LTE-FDD、TD-SCDMA、WCDMA、GSM 五种通信模式，这样才能实现"一机在手，走遍全球"。因为多一个模式、多一个频段都将增加手机成本，价格成为决定模式的首要因素。另一个要素则是技术。

也因此，999 元的中国移动自主品牌手机 M811 曾被认为是市场上最具性价比的五模十频手机。而在商用 1 周年后，拉大 4G 产业链规模后的 5 模和 3 模的成本已相差不多。就像 GSM 手机从最初的单频到 4 频成为标配，4G 手机多模多频渐成标配，一种名为全网通的手机也开始渐渐走红。

2014 年之不同于在 4G 牌照发放让我们进入了移动互联网时代，互联网是能够产生颠覆性的创新力量，一切都在改变，终端行业也在其中。

延伸阅读

Extended
Reading

人，神，永生——大数据时代的古希腊神话

永生，是众生追求的主题，但唯有希腊神话诸神得到了。而在这个大数据时代，因为我们留下的电子痕迹，你我都有可能接近永生。数据比我们的肉体更加长存于世。有一天，当我们的肉身消失，数据替身会替我们活在互联网上。

我们无时无刻不在积累着人生数据，微博、淘宝、百度、GPS 全球定位系统、大众点评网、手机、PC、PAD，这些每天都在打交道的东西，都留下了我们的数据痕迹，记录着我们生活的点点滴滴。各种机构组织，各种各样的人，与我们互动，跟踪关注我们的信用记录，知道我们做了什么，甚至了解我们的喜好、照片、声音、视频。

除了数据痕迹，面部识别等人工智能技术使得我们更加无处躲藏。比如我们可以用手机拍一张照片，然后得知其中所有人的名字；又如在酒吧遇到一位陌生人，拍下他的照

片，我们就能得知他的名字，然后下载关于他的所有记录。还有些公司会安装摄像头，拍下你的照片，把它和社交媒体绑定。然后猜测你大概喜欢什么样的东西，再适时推荐给你（这是怎么做到的？想想百度现在的应用"百度魔图"）。

除了永生，古希腊神话故事里，还有更大的启示。

故事一：俄耳甫斯。

他的父亲便是太阳神兼音乐之神阿波罗，母亲是司管文艺的缪斯女神卡利俄帕，具有非凡的艺术才能，是一个很有魅力的人。因为失去了爱人，俄耳甫斯用魅力魔法潜入冥府，迷惑了冥府里的鬼神。他们释放了他的妻子，但条件是在他们走出冥府之前，绝不能看他妻子一眼。然后呢，他就往外走啊，走啊，走啊！然后，他实在忍不住了，他看了她一眼，其后便永远地失去了她。

想想，身在这个处处留下痕迹的大数据时代，我们对所爱之人的过去，或许还是不要刨根问底的好。

故事二：阿塔兰忒。

这个善跑的女英雄只喜欢打猎，不想嫁人。他父亲一定要她找一个人家。于是阿塔兰忒挑战世人。谁若能胜她，她便以身相许；若是负败于她，她即索他性命。希波墨涅斯跑赢了她。因为他有爱情女神给他的三颗神奇的迷你金苹果。

她一跑到前头，他就在地上滚一个迷你金苹果。她一直分神，他便最终赢得了比赛。

事实上，我们身边也有许多奇妙的迷你苹果。这些迷你苹果都有着各自的目的——他们过来赶着你，迷惑了你，你用微博等方式回应关于他们的状态，然后你忘了自己真正想要的是什么。

故事三：纳雪瑟斯（水仙花）。

那个自恋的美少年。有一天，纳雪瑟斯走到水池边，他爱上了自己的倒影，舍不得离开，日复一日，纳雪瑟斯终于化成一朵白色的水仙花，永远永远地注视着水面。

这个故事告诉我们什么呢？自恋没有什么不可以，但在大数据时代，千万不要爱上自己用数据印出来的"倒影"。

延伸阅读

Extended
Reading

免费电话之于运营商——关于易信 3.0 预览版

都说现在陪伴自己最长时间的是手机。那么请问，当你拿起手机，最常做的事是什么？我想，对很多人来说，已经不是打电话了。根据易信公布的《中国青年通话使用情况调查报告》显示：年龄分布在 18~24 岁的中国年轻群体里，电话仅占每天使用沟通工具时间的 10%。我们用手机看新闻、炒股、看电影、刷微博，甚至控制插座、当钱包付款……万物互联的时代，手机不再只是话音和话音之间的连接器。

2014 年 11 月 25 日易信发布了 3.0 预览版。新版本添加易信专线电话功能，用户可以通过易信 3.0 预览版中的电话功能直接进行电话直拨，与手机通讯录和易信好友进行高清通话。目前在易信官网上接受申请体验资格，申请体验资格后才能体验。申请人不限新老用户，只是对操作系统有些要求，iOS 用户需要越狱后才能体验。

中国电信把免费通话提到一个很有情怀的角度——期望通过提供免费功能，鼓励年轻用户在沉迷网络社交聊天之余，也能打几个电话给朋友、家人，语音消息和聊天并不能替代人类情感沟通的全部。

其实在以前，易信也是可以免费打电话的，不过只限于易信好友之间。对漫游在外的易信用户每月有 60 分钟免费通话，可以直拨国内手机、固话号码。中国移动的 2014 飞信和沟通版也是可以用"飞信电话"功能在手机上享受一定分钟的免费通话的。更不用说前段时间被媒体热炒的微信电话，虽然马化腾在前不久乌镇的"世界互联网大会"上说，微信电话不是战略性的业务，但在行业人士看来，其实是一个试探性业务——试探运营商的底线、用户的接受程度，未来或许就是核心的竞争力之一。

关于易信的另一个消息是新任 CEO 胡琛的首次亮相。胡琛是网易 CEO 丁磊的旧将，曾是网易有道搜索的几个创始人之一，曾加盟创办团购导航网站团 800，还曾在人人公司担任过一年的副总裁职务。这也可以看出中国电信的对互联网业务的态度——既然自己没有互联网基因，那就对互联网业务实施相应隔离的互联网机制，日常运营以网易为主体。

中国移动前董事长王建宙先生在新书《移动时代生存》中对当年未能与新浪合作微博以及飞信的发展表示遗憾。今天中国电信的易信用和互联网合作的方式，为产品划出一个相应隔离的区域来折腾，主动自己革自己的命，其实没有什么不好。

演讲要点
The Main Points
of the Speech

中国移动副总裁李慧镝在
"第六届中国云计算大会"上的演讲

在第六届中国云计算大会全体会议上，中国移动集团公司副总裁李慧镝发表了题为"中国移动云计算探索与实践"的主题演讲，要点解读如下。

1. 中国移动将全面开启 4G 时代
全球已经有 288 张 4G 的商用网络，用户达到 2.1 亿。

中国移动大力推动 4G 网络的建设以及运营，预计到 2014 年年底将建成 50 万个 4G 的基站，成为全球最大的 4G 网络。覆盖城市超过 340 个，4G 终端销量将达到 1 亿部。

2. 互联网入口已从 PC 端转移到智能手机等移动智能终端

2013 年全球智能手机的出货量大于功能机，也超过了传统的 PC。全球手机用户 78% 的时间花费在移动互联网的应用上；中国用户每日使用手机的时间也从 2000 年 10 分钟通话的时长增长到去年的一百多分钟用手机上网。

3. 云计算市场潜力巨大

云计算发展成为产业共识，IT 系统向云计算迁移成为流行的趋势，整个云计算市场潜力巨大，未来进入稳步的发展期。在云计算市场 IaaS 和 SaaS 占有市场的主要份额，其中 IaaS 增长率超过 40%，占云服务市场的比重有明显的提高。

4. 国内商业云服务市场已全面启动

一是国内商用环境进一步改善，国内云计算标准制定，可信云认证，云服务进入政府采购目录工作全部启动；二是多企业推出云计算服务，如中国移动、阿里巴巴、华为等，亚马逊以及微软等国际巨头也进入中国；三是云计算创业企业快速地兴起。

5. 中国移动云计算服务有四点优势

一是覆盖全国的网络以及数据中心等基础设施，能够提供高质量的云计算服务；二是完善的运营支撑系统和丰富的公众服务运营经验，可提供电信级高水平的云计算服务；三是较高的品牌信誉，中国移动公众云服务首批通过工信部可信云认证，能够为用户提供安全放心的云计算服务；四是移动通信规模大，与产业链各方保持良好的合作共赢关系，具有较强的产业影响力。

6. 中国移动不断加大云计算基础设施投入

一是在北京的国家信息港和位于广州的南方基地累计提供超过一万个机架的服务器、数十 PB 的存储空间以及百吉的出口带宽；二是哈尔滨、呼和浩特、贵州等数据中心预计提供超过 10 万机架的服务能力；三是企业私有云有超过 1.2 万余台的服务器规模。

中国移动联合华为、亚信联创、北邮等九家单位建立中国移动、大云、hadoop、开源社区；依托云计算专委会建立云计算开放实验室；参与国内国际标准化和开源组织工作，牵头完成弹性计算应用接口等国家标准制定；在苏州成立苏州研发中心，进一步完善云计算产品体系，推动传统 IT 系统向云计算架构演进。

7. 在云商用上初步取得成效

正在试商用的移动云面向企业、政府以及个人客户提供公众云服务。面向个人采集应用，日均活跃数已有 55 万；面向企业，中国移动和教育部打造的教育云面向 174 所高校开通服务；集团私有云 400 台服务器投入使用，各省级云建设规模超过八千台服务器，并正在规划到上万台服务器。

8. 推动应用实施更为重要

产业发展初期出现跑马圈地、重建轻用的现象，带来了云计算中心以及数据一些基础设施的建设，应该要避免重建设轻使用，推动应用实施。

9. 要用政策法规规范服务环境

一是针对使用云计算服务的用户，要保护安全性和隐私，提升用户对云计算服务的信心；二是从国家和政府数据安全以及公众信息隐私保护角度来说，建议制定完善的数据主权、离岸数据管理的法律法规；三是规范国家、政府、产业以及非政府组织的云计算应用方式，确保政府信息、用户隐私和国家数据的安全。

四 移动互联网新法则

热门的互联网思维

1. 案例及点评：两个著名的赌局

创办于 2000 年的 CCTV 中国经济人物评选每一年的主题也可以看成是国家主流经济要求，比如 2012 年的主题"实业的使命"、2013 年的主题"转型升级的智慧与行动"；年底的颁奖晚会，也可以看作是以人物为载体，展现每一年度中国经济发展的走向。

近年来颁奖晚会上有两个常常被人提起的赌局。一个是在 2012 年颁奖晚会上王健林和马云的赌局：双方约定 10 年后，如果电商在中国整个大零售市场份额占 50%，王健林将给马云一个亿，如果没达到，马云还王健林一个亿。

2012 年颁奖晚会上王健林和马云的赌局

另一个是在 2013 年颁奖晚会上董明珠和雷军的赌局。雷军表示 5 年内如果小米模式营业额击败格力，董明珠赔自己 1 元，董明珠表示如果被击败愿意赌 10 亿元。

抛开具有表演成分的商业外表，这两场赌局，实质是这个互联网时代的一场新旧商业的博弈。在科技进步到有所突破后，互联网作为一种社会生态，来到我们的身边。在未来那个"无处不在的网络、无处不在的应用、无所不能的服务"的时代，移动互联网更将快速扩展、全面渗透到各个领域。

2013 年颁奖晚会上董明珠和雷军的赌局

2. 各大佬的互联网思维

互联网思维是个时髦词。据说这个词最早来自于百度公司的李彦宏，他表示企业家都应该有互联网思维，哪怕从事的不是互联网行业，也要用互联网的方式去想问题。2013 年 11 月 3 日，新闻联播发布了专题报道：互联网思维带来了什么，带动这个词汇开始在主流媒体走红。

时至今日，当连卖煎饼果子、做衣服都用上这个词的时候，互联网思维变成了一个筐，什么人都可以往里装。什么都能往里装，大有过热的迹象。然而，我们不能否认，确实很多事情在改变。没有人能避开这个潮流。

 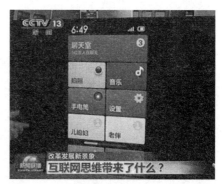

2013 年 11 月 3 日，新闻联播发布了专题报道

雷军的互联网思维

专注、极致、口碑、快，雷军认为这也是小米成功的七字秘诀。专注指采

取类似于苹果的"精品"战略，营造产品明星效应。极致指产品配置要主流、性价比要高、体验要好。口碑指要注重口碑传播，充分发挥"论坛"宣传效果；培养"米粉"，提升用户忠诚度；狠抓质量和体验，赢得用户信任。快指决策快，产品销量拉升快，"企业在快速发展的时候往往风险是最小的，当你速度一慢下来，所有的问题都暴露出来了"。

赵大伟的互联网思维

赵大伟用众包方式主编的《互联网思维——独孤九剑》是我最早看到的关于互联网思维的、较为系统的书。和君的王明夫先生在推荐序中对其申报课件（这本书的起源）的评价是"选题前瞻，思维系统，结构严谨，逻辑清晰，文字干净，观察深刻，体会精到"，可作为我们的写作目标。赵大伟的 9 大互联网思维是：用户思维、简约思维、极致思维、迭代思维、流量思维、社会化思维、大数据思维、平台思维、跨界思维。

孟醒的互联网思维

人称"雕爷"的孟醒已经创办了多家互联网企业，包括阿芙精油、雕爷牛腩等，最近的创业项目是河狸家。

孟醒的互联网思维三大定义：一是依托互联网做传播，找到目标客群，也让目标客群认识你，进行参与、互动；二是以用户为核心进行产品开发，根据找到的目标客群做精准型"窄众产品"；三是微小改进，快速迭代，以互联网手段收集反馈，迅速改进产品，进行再传播。随着功能、服务及产品线的完善与扩充，逐步扩大目标人群。

张亚勤的互联网思维

张亚勤是微软亚太研发集团的前主席，2014 年 9 月加盟百度公司，任总裁，负责新兴业务。他认为互联网思维分为三个层级：层级一，数字化。互联网是工具，提高效率，降低成本。层级二，互联网化。利用互联网改变企业运营流程，电子商务，网络营销。层级三，互联网思维。用互联网改造传统行业、商业模式和价值观创新。

李善友的互联网思维

李善友是酷 6 的创始人，是中欧创业营、颠覆式创新研习社发起人。他认为互联网是"用新的信息交互方式，改变成本结构、组织形态和商业模式"。也就是说"互联网化"不等同于"数字化"，他所认为的互联网思维主要有：

一，中间成本为零，利润递延；二，功能成为必需，情感成为强需；三，个人异端化，组织社群化。

徐少春的互联网思维

徐少春是金蝶软件董事长。他认为互联网从三个方面转型，一是商业模式转型，通过互联网的思维和技术，打造一个开放的平台，把原来的盈利模式改变了；二是管理转型，或多或少利用一些互联网的技术来改善管理，提高效率，降低成本；三是文化转型，就是用互联网的思维改变企业文化。要吃透互联网精神，一定要把它融入企业的血液当中。

曾鸣的互联网思维

曾鸣是阿里巴巴集团执行副总裁、参谋长。他认为互联网精神是：平等、开放、互动、迭代和演化。平等是互联网非常重要的基本原则；开放变成一种生存的必须，连接越广、连接越厚，价值越大；双向的互动才创造价值；通过一轮一轮的迭代来逼近真实的用户需求；不是借助计划而是通过演化来逐渐优化、接近更好的状态。

王志纲的互联网思维

王志纲是王志纲工作室的主人，王志纲工作室开创了中国"咨询式培训"新时代。他认为互联网思维的价值观是"平等、尊重、参与、分享"。

周鸿祎的互联网思维

作为360公司董事长，周鸿祎曾经在杀毒领域将"免费模式"用得风生水起。他眼中的互联网思维包括：一是用户至上。在互联网经济中，只要用你的产品或服务，那就是上帝！很多东西不仅不要钱，还把质量做得特别好，甚至倒贴钱欢迎人们去用。二是体验为王。只有把一个东西做到极致，超出预期才叫体验。比如有人递过一个矿泉水瓶子，一喝原来是50度的茅台。这就超出用户的体验。三是免费的商业模式。硬件也正在步入免费的时代。硬件以成本价出售，零利润，然后依靠增值服务去赚钱。电视、盒子、手表等互联网硬件虽然不挣钱，但可通过广告、电子商务、增值服务等方式来挣钱。四是颠覆式创新。你要把东西做得便宜，甚至免费；把东西做得特简单，就能打动人心，超出预期的体验，就能赢得用户，就为你的成功打下了坚实的基础。

曾学忠的互联网思维

曾学忠是中兴通讯执行副总裁，他认为"互联网思维"有三个关键词：一字体是互动分享，也就是扁平化。二是产品创新，给用户带来惊喜。三是与产业链协同的开放与合作。

去中心化

我们已经不再处于工业化社会了，尽管还有很多工业化的趋势，但是我们已经处于另一种社会结构，现在人人都在谈论网络社会。

——曼纽尔·卡斯特尔

中国人是特别习惯有中心的，所谓"国不可一日无君，家不可一日无主"，甚至在很长时间内以为中国是全世界的中心。以此扩展的概念是严格的等级制，如中国的"君君臣臣父父子子"、美国的科级制、日本的序列制。于是每个人每时每刻都在给别人排等级：通常别人看我们，看的是阶层在哪，地位是什么；我们自我评价，也是我们的等级是什么，地位如何。

而互联网却是没有中心的。随着互联网提高了连接的效率，沟通已经不再是单一的、中心向下层级的传递，而是向外的、无层级、同步快速的传递。以新闻传播为例，过去我们习惯从各大媒体的报道中（如层层往下投递的报纸）知道世界发生了什么事，现在媒体传播的中间环节越来越简化，非常扁平化，直接就从源头到受众，因此信息的传播过程启动非常迅速、便捷、灵活，发布的信息时效性强，传播迅速。每个人都有机会利用新的传媒发表自己的观点；即使没有媒介推广，只要你的观点能够为社会主流接受，你就有可能成为"意见领袖"。比如 2005 年 7 月 7 日，英国伦敦的七七爆炸案中第一张现场的照片来自

2005 年 7 月 7 日，英国伦敦的七七爆炸案，第一张来自现场的照片由手机拍摄

于用手机拍摄的业余人士。这张照片被 BBC 网站转发，随即它又成为世界各大新闻网站的头条。按《认知盈余》作者克莱·舍基的说法：过去他们有印刷机但你没有，他们有电视塔但你没有，而现在每个人都有了"印刷机"和"电视塔"。

美国语言学家乔姆斯基 1971 年提出"去中心化"概念时，互联网尚未诞生。他将这个概念用在了政治上。互联网技术的出现和迅速发展，推动了整个人类的"去中心化"趋势。

人人参与

学生节，对学子来说，是以院系为单位，集全校上下之力，是一年一度的重大节日。而清华学子的学生节"吾道清春"在 2014 年用的是众筹融资，也就是通过社交网络募集资金的互联网金融模式。整个众筹目标为 3 万元，每位参与者最低支持金额为 1 元；针对支持金额 128 元、288 元、368 元、588 元、998 元的不同，有不同的回馈方案。

清华大学学生节"吾道清春"众筹项目

　　这就是人人参与的互联网时代。社会化网络特性使融资变得更加大众化，更开放，门槛更低，能便捷地集中大家的资金、能力和渠道。众筹起源于美国的大众筹资网站 kickstarter。国内最早的众筹平台是点名时间，在 2011 年 7 月上线。众筹分奖励、鼓励、股权、债权四种。众筹的形式多种，垂直众筹较受欢迎，比如农业、房地产。

　　人人都能参与的另一种方式是众包。众包起源于英国议会在 1741 年设立的"经度奖"，向民间"广撒英雄帖"，解决海上经度的测量问题。众包通常有大众竞赛、大众协作社区、大众互补者、大众劳动市场四种方式。把问题发到平台上，可以吸引全世界的人来提供解决方法。如 1999 年，加拿大多伦多黄金公司资源枯竭，在求助矿产专家无果后，公司将矿区信息公布到网上，50多个国家的 1400 位爱好者在两周内标出了 110 个金矿目标。

　　众投为创业者解决了三个难题。一是将收入入账时间提前到创业者正好需要的时候。二是将客户聚在一起形成一个社区。三是提供了市场调研服务。互联网将志同道合的人集中在一起，无论身处何处。

> ### 延伸阅读
> Extended
> Reading

移动终端测试需要互联网思维

　　近日，中国移动和三星一起建立"中国移动—三星电子终端测试联合实验室"。实验室建在三星电子中国研究院，双方将协同提升 LTE 测试能力，减少测试差异性，更好地保障终端质量。这标志着中国移动终端社会化测试体系的启动，给整个 TD-LTE 产业链带来积极的示范效应。

　　众所周知，中国移动对终端质量一直非常重视，这也是当年一力承担起 TD-SCDMA 重任的经验——从无到有，到可商用，到款型数占了整个中国市场各个制式的 50% 以上，质量对整个产业的发展、用户的接受程度都起了加速作

用。中国移动终端公司副总经理唐剑峰曾经在 2014 年 GTI
亚洲大会上引用总裁李跃的话对终端发展加以评论，"在质
量和进度发生矛盾的时候，毫不犹豫地选择质量。"

为此，中国移动已形成了自己一套非常有特点的终端
质量管理体系：一个通过国家 CNAS 评审的终端测试实验
室。该实验室用主流厂家的网络设备搭建出各种网络环境，
有近百套的网络制式测试仪表，四百多套的跟各类应用有
关的功耗触摸屏测试仪表，一个有超过四百人的测试人员、
一百五十人友好用户的测试团队；平时的入库测试步骤包
括了四网协同的复杂互操作场景，分布在全国的现场基地。

对终端质量的重视，让中国移动制定了严格的入库测试
试要求。完成入库往往要经过数轮测试。如何有效处理这
与"手机厂商希望尽快通过入库测试，加速上市时间"的
协同？中国移动要提高测试效率、再扩展测试规模，加人
加钱加设备；厂商及时了解定制产品要求，在送测前要严
格地自我测试等，都是很好的"技术"处理方法。然而更
有效的应该是"模式"的创新改变。而与产业链上重点厂
商建立联合实验室，是颇为符合现在大热互联网思维的一
种模式创新。

正如管理大师德鲁克所说，互联网消除了距离，这是它
最大的影响。互联网的一切优势最终都将带来效率优势。提
高 LTE 产业链的工作效率，就能降低整个产业的质量管理
成本，从而提高整个产业的发展速度。那么联合实验室模式
在哪些方面提高终端测试效率?

1. 消除企业边界

互联网消除了距离。在 LTE 这个产业链上，或者我们
已不能把企业内部和外部边界划分得非常清楚。有边界的企
业，使企业和员工、用户、合作方的关系是博弈关系；而无

边界的企业，将让企业和这三者的关系变成合作共赢的生态圈。具体而言，第一个好处是大家能共享终端质量信息，通过对标、认同、提升，从而共同提高专业能力；第二是能进行交互，中国移动需要向厂商传递产品要求，厂商也需要反馈实施进度，在联合实验室可以更好地磨合，更快达成共识；第三是树立了良好的示范作用，能引导产业链加大对TD 相关技术的研发以及投入。

2. 从串联到并联

过去定制终端入库的流程是串联的，包括中国移动通过需求研究及产业发展分析做产品策划、制定产品白皮书、发布产品要求，厂商根据要求规划产品、生产样品、产品送测、测试通过入库等。联合实验室可以把串联的变成并联的，所有的各方并联在一起。中国移动与厂商在规划产品阶段即可形成良好的沟通，双方联合规划；厂商在生产样品的流水线中，即可适时在实验中做入库要求的相关测试，对测试不能通过的性能，马上修正。扁平化的机制将真正提升测试效率。

3. 轻足迹管理

《轻足迹管理：变革时代中的领导力》一书提出了这个源自美国军队的管理模式——通过灵活合作实现按需扩张，将比收购带给公司的负担要低很多。用联合实验室，首先是资产的轻管理，今年中国移动会投入亿级的资金在终端测试上，而产业链上合作投入的测试资产也是 LTE 质量体系的重要力量。其次是员工的轻管理。对从事测试团队员工的定义可以改了，不再局限于中国移动在册的。只要是在这个测试圈里的、在线的，都可以在一定程度上认为是中国移动终端测试人员。最后是测试任务的轻管理，与产业链合作伙伴的实验室充分沟通、对标，可以让其分担常规测试任务，提升测试效率。

通过与产业链上全球范围内的重要伙伴联合建立"终端测试实验室",中国移动终端实验室将变成一个全球巨型实验室。如果再进一步,我们会希望看到这个圈内加入用户。让用户在产品设计阶段就加入到这个生态圈里,从而达到用户参与情感的认同。

快速迭代

移动互联网客户的需求很难被准确描述。移动互联网已经深入到我们生活的方方面面。曾在微博上看见一个"用互联网卖包子"的案例,只要在微博上"@ 某某包子",就能免费吃一年的包子。面对这么一个庞大市场,客户的需求很难通过几个月的用户调研、市场调查、产品规划掌握清楚。如同腾讯重点规划搜索、电商等的产品,并未达到其预期目标,而恰恰不在战略规划的微信,本是张小龙为应对邮箱竞争,借鉴米聊、KIK 打造的一款产品,却无心插柳柳成荫。

我们回顾一下现在大热的微信是怎么开发出来的。腾讯做微信,从立项到产品推出用了不到三个月。2010 年 11 月 18 日,微信正式立项,次年 1 月 21 日推出 iOS 版本,之后几天安卓和塞班版本相继推出。综观 2011 年,微信一共发布了 45 个不同终端的版本,平均 1.15 周发布一个。经过快速的产品迭代,微信先后加入了语音对讲、LBS、摇一摇和漂流瓶等功能。直到今天,我们知道,微信的最新版本是 Android 6.1、iOS 6.1、Windows 1.0(测试版)(截至 2015 年 1 月 27 日)。

我们其实本身都不明白自己的需求。我们甚至很难去定义谁是客户。移动互联网时代的本质,就是无所不在、无所不能的沟通交互,随时随地随机的用户都可能成为移动互联网用户。

移动互联网的另一大特点是"复制和借鉴"过于容易。一个赚钱的应用一经推出，各色山寨版就会瞬间如雨后春笋般出现。有了"愤怒的小鸟"，就有厂商敢让其他动物一样的愤怒；有了"会说话的汤姆猫"，我们的游戏里，动植物都会说话……产品之间功能已然高度重合。所以，在移动联网时代，先求有，再求好。先上线，对待解决的 bug 和需要调整的 UI，主要通过后期的迭代去完善。体验客户需求后对产品快速改进。针对用户需求的历次更新和产品迭代促进了用户数和活跃度的激增。

如何开发运营有移动互联网感觉的产品？在于速度。小李飞刀，例无虚发，天下无敌，就在一个快字，后发而能先至。看准了，先上线推出产品；通过用户反馈、数据运营的手段，用产品来感应客户需求。只要坚持一天发现并修正 1~2 个 bug，加快发布产品频次，不难在半年或一年时间内打造出一个有"移动互联网"感觉的产品。可以用以下三个步骤。

1. 解决用户花 70% 时间的核心功能，就上线启动产品

都说移动互联网创业门槛低，十几个人就能开发应用。在 APP 等各种平台上，甚至 2~3 个就能够做出一款应用投入市场。像微软那样，用 12 个月做出一个精品或庞然大物显然是不适合移动互联网的。在认准方向的基础上，要用最快的速度开发出核心功能，尽快发布。只有尽快扔到市场中，才能尽快获得用户测试反馈，尽快得到改进。因此，只要能够开发出核心功能和核心需求，解决用户在这个应用上花 70% 时间的核心功能，就应该上线启动产品。

2. 用产品感应用户需求，推动产品改进

做到产品的快速发布只是第一步，其根本目的就是让用户尽快用到核心功能，尽快得到用户反馈信息，以便及时地对产品开发做调整。产品迅速上线后，如何升级进化，推陈出新？来源于"用户需求"。让产品去感应用户需求，不断地倾听用户的反馈，不断地调整修改，满足了用户需求的改进，才能保证产品的生命力。

首先，解决如何搜集用户反馈的问题。其次，注重用数据分析需求。最后，则是产品团队要真正认识到这些意见的价值，是用以推动产品的改进、发现用户的更多需求，是产品改善提高的基础。

3. 多次产品的交付和发布，保证尽可能短的迭代开发周期

在经过 V1 版本的市场检验后，产品开发团队要重视反馈，快速响应，遵循递次演进的原则，保证尽可能短的迭代开发周期，甚至能够在一次迭代中完成多次产品的交付和发布。

产品新需求的开发不要奢求一次性开发完美特性去面向全新的用户群，要以核心功能或核心用户为基础，向外围有节奏地递次扩张。注意要有一个严格的闭环流程支持，保证每个上次遗留的 bug 和来不及做的功能能够尽力切实的做好，就能看到一个好产品逐步出现在用户面前。

产品开发，首先是拼速度，然后才是各种功能和体验的完善。在你能够支撑的极限内，小步快跑，快速迭代！

个性为王

世界上最赚钱的线上媒体公司是世界 VICE Media，从一家精品店起家，现在估值达到 25 亿美元。无论是作为科技公司，还是媒体公司，这个价格都

VICE Media 中国区域的网站

非常高。VICE 成功的关键之处在于其专注了年轻、活力、趣味和真实。从其口号"世界在下沉，我们在狂欢"可见一斑。VICE 的"个性"迎合了现在的新一代青年。VICE 的旗舰网站是 VICE.com，他们还在全球范围招募了很多编辑员工，大幅提升其每日的内容发布数量。中国区域的网站在：http://www.vice.cn/。

类似的网站还包括 VOX、Buzzfeed、Fusion，以"个性"迎合 14~35 岁目标市场。在中国同类的例子包括精确定位文艺青年喜好的豆瓣、专门针对女性化妆用品的聚美优品等。

现代工业提供标准化流程，集中化生产出大量产品，虽然丰富了物质生活，却失去了个性化、独特性。互联网则凭借着大数据等技术，让个性化成为可能。

任何一个网站或应用可以利用这点来给你推送属于你的个性化体验，如个性化定制界面、个性化定制交互方式、个性化定制内容，亚马逊甚至在你下单之前，就能"预期送货"。

硬件上，也已经有模块定制功能，谷歌的模块化手机叫作 ARA。目前可知的是除了屏幕和处理器外，其他大部分组件都支持热拔插，十分符合互联网时代个性化定制的趋势。这就是互联网时代的创客溢价——人们宁愿多花钱，也要选择有自己劳动结晶凝聚在内的产品。个人制造才是数字制造的杀手级应用。现在有个新名词叫"工业匠人"，他们并不注重工业生产的所谓效率，而是去制造出个性的、独特制作的产品。这很像亚当·斯密在《国富论》中所提出的作为高效市场重点的专业化极端情况——人们应该做最擅长的事，通过贸易获取其他人制作的专业化产品。

免费的玩法

克里斯·安德森的《免费》（作者另有书《长尾》《创客》）在序言中举了英国某马戏团、谷歌等例子，来说明免费背后的悖论——那些不收费的商家挣到大钱。在互联网上无穷大的货架空间使得长尾式多样化的产品销售成为可能。在世界构建东西从原子化走向电脑比特化的过程中，免费变成真正的零收费。

在业内，常常提到的典型例子是奇虎360之免费杀毒。在2008年7月正式发布的360杀毒，宣布永远对用户免费。至此杀毒和邮件、搜索、即时通信一样，都属于互联网免费基本服务的范畴。

如果说虚拟商品（如软件）免费还属于一个很好理解的概念，同一个软件，100个人使用和1万个人使用开发成本相差无几，且越多人使用，摊到每个人身上的成本就越低。建立在比特字节基础上的经济学，边际成本趋于零，可以使用"免费"策略。

近期又有两个企业玩起了实物的"免费"。苏宁、迪信通都表示要在门店免费向用户提供手机贴膜的服务。更甚者，迪信通表示将在全国门店提供免费充电（20元押金领取使用移动电源，10日内归还即退押金）、杀毒、冷饮。

两家企业英雄所见略同，选了贴膜作为吸引用户的免费服务，其成本并不高，却抓住了大部分用户购机后的需要。免费能够降低用户的心理屏障，能够迅速吸引流量。这一招，增强了实体门店的竞争力，为随后提供更多的获利项目奠定了基础。比如在等待贴膜的时间里，可以做机型促销，可以卖应用，可以搜集用户资料。

那么对于成本相对较高的硬件，免费还能玩下去吗？运营商用过这个玩法，比如没有初装费的固定电话、预存话费送的智能手机。现在很多互联网公司开始用这个玩法做硬件，所谓"羊毛出在狗身上"，在别人收费的地方免费了，自然要延长价值链，创造出新的价值链来收费。如电视免费，但需要绑定内容服务，或是吸引广告商投入。

当广告销售不足以承担硬件成本时，又一种新的"免费"硬件玩法出现了——"零利润"也是一种免费。如亚马逊的"Kindle Fire"、乐视的"超级电视"、雷军的"小米手机"、360的"随身WiFi"，以成本价（或略高于成本价）销售硬件，价格一下子就到了成本价，因为其根本不靠硬件挣钱。有了硬件的入口，可以通过内容下载、APP收入、订阅服务以及广告，为公司带来新利润点。这对以硬件销售作为主要利润的众多传统企业是一个颠覆性的商业模式。要做硬件免费，就需要有后继的增值服务；不向移动互联网转型，就有可能变成代工，今后只能赚一个微薄的利润率，为在价值链高端的信息服务商打工。传统企业的名单可以列得很长，如白色家电厂商、手机生产厂商……

免费不是互联网的首创，但不可否认，互联网将其用到了极致。互联网企业擅长在别人收费的地方免费，在别人挣钱的地方亏钱，并以此颠覆着一个又一个行业。

小米做手机、做盒子、做电视、做平板无一不采用了这种做法，甚至还以北京松果电子有限公司的名义得到联芯科技（大唐旗下最早生产 TD-SCDMA 芯片的厂家）开发并拥有的 SDR1860 平台技术，以进一步降低硬件的价钱。

互联网的免费模式背后是对价值链的重新整合。近期小米在内容的大手笔包括：

——原新浪网总编辑陈彤加入，担任小米的内容投资和内容运营副总裁。同时，小米计划第一期投资 10 亿美元在内容产业。

——以约 3 亿美元入股爱奇艺，这是小米成立四年来最大的一笔投资。这也是作为百度全资的爱奇艺首次引入重量级股东，百度同时追加了约同等量级的投资。

——小米将在二级市场购入优土股票，金额预计将在千万美元级别。

——雷军任董事长的北京瓦力文化传播有限公司投资 5000 万元入股华策影视。

——爱奇艺与华策影视共同出资，成立华策爱奇艺影视公司。该公司旨在为爱奇艺提供高品质的剧集、综艺等丰富多元的互联网内容，并围绕相关内容进行游戏、电商等全方位衍生品开发工作（比如单集 500 万投入的《盗墓笔记》）。

而在这之前，相关布局还包括在 MIUI 上，通过预装 APP 形式实现内容输出。在手机游戏分发领域，从活跃用户看，小米游戏中心有可能是业内前五的手游渠道。小米还有自己的移动阅读业务，除了小米小说平台，小米旗下成员企业多看科技的"多看阅读"也做得非常好，书城内容丰富。

按雷军在公开场合的说法，整个内容产业对小米电视、小米盒子、小米手机，包括小米平板都是生死攸关的一件大事。可以说，对阅读、游戏、视频等内容的布局已基本完成。那么，对所有仍以硬件销售为主要利润的厂家来说，是慢慢变成代工，还是向移动互联网转型？或者在互联网时代，真正可怕的不是业内的竞争者，而是"行外"人士，因为他们根本不用传统的玩法竞争！

读书笔记

Reading
Notes

赵大伟的《互联网思维——独孤九剑》

赵大伟用众包方式主编了《互联网思维——独孤九剑》。作为看过全套金庸小说的我来说，这个书名总让我有看武林秘籍的感觉。我整理汇总了 9 大思维，22 条法则。

1. 用户思维："独孤九剑"第一招是总诀式。用户思维是指在价值链各个环节中都要"以用户为中心"去考虑问题。作为厂商，必须从整个价值链的各个环节，建立起"以用户为中心"的企业文化，只有深度理解用户才能生存。没有认同，就没有合同。法则包括：得"屌丝"者得天下；兜售参与感；体验至上。

2. 简约思维：互联网时代，信息爆炸，用户的耐心越来越不足，所以必须在短时间内抓住他。法则包括：专注；简约即是美。

3. 极致思维：极致思维就是把产品、服务和用户体验做到极致，超越用户预期。法则包括：打造让用户尖叫的产品；服务即营销。

4. 迭代思维："敏捷开发"是互联网产品开发的典型方法论，是一种以人为核心、迭代、循序渐进的开发方法，允许有所不足，不断试错，在持续迭代中完善产品。这里面有两个点，"微"和"快"。法则包括：小处着眼，微创；精益创业，快速迭代。

5. 流量思维：流量意味着体量，体量意味着分量。"目光聚集之处，金钱必将追随"，流量即金钱，流量即入口，流量的价值不必多言。法则包括：免费是为了更好的收费；坚持到质变的"临界点"。

6. 社会化思维：社会化商业的核心是网，公司面对的客户以网的形式存在，这将改变企业生产、销售、营销等整个形态。法则包括：利用好社会化媒体；众包协作。

7. 大数据思维：指对大数据的认识，对企业资产、关键竞争要素的理解。法则包括：小企业也要有大数据；你的用户是每个人；用大数据驱动运营管理。

8. 平台思维：互联网的平台思维就是开放、共享、共赢的思维。平台模式最有可能成就产业巨头。法则包括：打造多方共赢的生态圈；善用现有平台；让企业成为员工的平台。

9. 跨界思维：产业的边界变得模糊，互联网企业的触角已无孔不入，零售、图书、金融、电信、娱乐、交通、媒体等。法则包括：携"用户"以令诸侯；寻找低效点，打破利益分配格局；敢于自我颠覆，主动跨界。

延伸阅读
Extended
Reading

竞争激烈，中国移动自主品牌手机如何突围

在 2012 年 12 月 5 日广州"2012 年中国移动全球开发者大会"上，总裁李跃表示，"中国移动将肯定做自主品牌手机"。2013 年 8 月 2 日上午 10 点，中国移动在创新大厦一

楼发布了自有品牌终端。终端包括 M601、M701 两款智能手机，CM510/CM512 2 款 4G MIFI，一款移动电源。作为专业化运营的终端公司，成为"厂商"的梦想终于成真。

为什么要自主品牌手机？自主品牌优势在哪？李跃用"沃尔玛、国美也做直接的家电品牌，但同时也分销其他品牌的家电"举例，表明不是为了与现有的终端厂商直接竞争。中国移动自主品牌手机，一是将更多承担自身的移动互联网业务——中国移动作为运营商介入手机终端销售环节，更主要的目的并不是赚取销售环节的利润，而是为其 3G 用户增长和业务发展带来拉力。二是为了更好的服务客户——中国移动自主品牌终端不可能有吸费软件、不可能有违规操作、不可能有损害客户利益的行为以及违规违法问题的发生。移动自主品牌的产品要非常好地便于操作、有质量保障，并且可以充分保护客户利益（整理于李跃总裁在自主品牌发布会上的讲话）。

众所周知，智能手机市场竞争激烈。中国移动自主品牌手机该如何打造发挥自有品牌的独特竞争力，突出群围呢？

堆配置已经行不通了。"顶配"这样的词出现频率太高，四核、八核的已是审美疲劳。正如现在的 PC，厂商折腾出来的新花样也引不起客户"换新"的需求。走低价？同质化竞争让 3.5 英寸手机已降至 299 元以内。中国移动再加入"价格战"，只能使行业整体盈利水平持续走低，不利于产业链持续健康发展。这和"维护产业正常发展秩序"的初衷不符。

作为终端行业的"学生"，或者我们可以试着找到用户真正的需求，从小微处着手提升。

1. 个性化定制

2013 年 4 月，HTC 用一款 E1 开启了手机定制之先。HTC 在官网与新浪微博合作推出基于星座和性别定制，比如金牛座，被推荐选用棕色机身、8GB ROM 和 500 万像素摄像头的组合（大概是金牛座的同志低调务实的路线）。也可以自己挑配置，自行选择想要的参数组合。不同的配置售价从 1699 元到 1899 元之间。类似还有专走定制路线的青橙手机；近期大热的 MOTO X、AT&T 也提供用户定制机，用户可以自定义颜色、存储容量、在后壳刻字或选择木质外壳等。

随着手机模块化越来越高，定制会成为大趋势。中国移动手机也给客户提供"个性定制"选择吧。除了配件、手机背壳颜色、ROM 存储外，操作系统、摄像头的像素、CPU、屏幕等选项在技术上也是可以实现的。除了硬件定制，作为运营商的中国移动还可以按每一位用户的需求定制安装手机应用，配以适合的资费套餐，进一步满足其个性化需求。

在官网上提供免费为用户镌刻个性化赠言的服务，相信更能大卖。

2. 超长时间待机

手机屏幕越来越大，手机功能越来越强，耗电量也越来越大。电池成为用户头痛的一个问题，持续待机成为一种普通需求。而且越是我们的目标用户（移动互联网重度用户），这种需求越强烈。在不同场合，360 的周总、UC 的俞总等等各位大佬也曾表示对手机的第一需求是电池要够给力！在移动互联网界混，WiFi 得连连吧？微博要刷的，拍个照，蓝牙也要用来传传文件的，新闻、视频要浏览……还有将来的 4G，更高带宽，更高速度，更多样服务。现在手机的续航能力估计是经不起这个折腾。

要延长续航的方法第一种是不断加大电池，比如 Galaxy Note II 带了 3100mAh 电池。第二种是通过多核 CPU 不断地提高制作工艺水平来降低功耗。比如 2013 年

6 月，苹果发布的 MacBook Air，最大亮点估计是电池的提升。第三种则是华为在每个型号手机的销售 PPT 里都不厌其烦地提出"华为独有的节电专利"，用技术打造自己的独门秘技，再加上其在充电技术上开发出快速充电技术，对用户来说颇为诱人。

这三点都是中国移动手机可以借鉴的切入点，真正解决目前用户最迫切的"续航"需求。

3. 外观设计的细分市场

在三四年前我们选购一款手机，会去挑一个符合自己气质的外观；而现在智能手机最明显的外观就是屏幕。不看 Logo，估计大部分手机是很难分辨出品牌和型号的。直板触控屏几乎已经一统智能手机设计，还能折腾的就只有材质、边框、尺寸，谁都不敢超出半步。

尤记得，在翻盖、全键盘手机风光时候，各大厂商的工业设计能力留下了各种或奇葩或经典的机型（如 MOTO 后空翻的 ME600）。而近期带实体键盘的翻盖手机或者滑盖手机等逆潮流设计颇见回头。市面上已见三星过万元的翻盖 Android 手机，近期据说还将有翻盖的 Galaxy Folder，还有传言中滑盖全键盘设计的黑莓 Z15 新机。

总有一部分人是钟爱翻盖或是滑盖设计的，也有不少人舍不得实体键盘，而有需求就会有市场。用较低的配置切入这块细分市场，相信会吸引特定的客户群。

中国移动自主品牌手机被寄予了太多厚望，也承担了太多责任。突出重围，其实要凭的只是"为客户而生"这五个字。

运营商做终端，模式领先是关键

在互联网时代，模式领先大过于技术领先。就像阿里巴巴创始人马云在公司内部演讲时说到的："传统零售行业与互联网的竞争，说难听点，就像在机枪面前，太极拳、少林拳是没有区别的，一枪就把你崩了。"

终端产业原来以分销为主，现在出现了电商、产品销售一体化的新产业格局，这是一种模式的变化。这种格局变化说明我们距离用户的层级已经越来越少。对于运营商而言，做终端领先的模式正是要抓住庞大的"用户资源"优势，做尽可能要离用户近的事，包括零售、售后、电商、直供（渠道末端用户），这些都是拉近与用户距离的方法。

1. 渠道扁平化，丰富末梢网点

首先是增加线下渠道的功能。将渠道改卖产品为体验，变购物中心为消费体验中心。从效益比来看，末梢渠道的作用除了分销，其实还有传播、调研、物流、体验的收益。为末梢渠道化成本，是值得的。

其次是分销内容的多元化。近期顺丰嘿客非常流行，顺丰嘿客是顺丰"顺丰优选 + 顺丰移动端 + 金融 + 社区 O2O 服务平台 + 农村物流"的全线平台的重要布局。2014 年 05 月 18 日正式在全国铺开，首批共 518 家，一年内将拓展到 4000 家。作为一个利用自己的平台为电商完成线下服务的社区店，除了自有的顺丰优选在内，还与国内数十家电商平台达成合作。运营商的末梢渠道除了卖终端，一样可以销售通信行业的"业务 + 终端 + 号码"，或是其他配件，成为公司互联网销售的线下展示店。

最后是减少渠道首次提货阻力。可以从两个角度来入手，一个是用技术理顺流程，比如建立一个 B2B 平台，实现当天下单，第二天到货。在确定渠道销售意向，签订销售协议后，就要及时推进 B2B 普及。当然能开发一个手机 APP，就更适合于不一定都配有计算机的末梢渠道。另一种角度是用铺货的方式，用奖励政策来鼓励渠道提货。提货奖励有很多种，比如首次提货奖励、促销品支持、一定账期、现金补贴等，以此打动渠道。

2. 电商打通 O2O，汇集用户需求

对很多企业来说，电商不过是将原来线下的销售搬到线上，当成另一个销售渠道。同时，为了价格稳定方面考虑，企业还通常会用专属电商品牌来分隔线上线下。以手机为例，尽管华为有了"荣耀"、中兴运营"nubia"、联想发布 VIBE 后，酷派推出"大神"，其根本还是希望能降低流通成本，以突出的性价比刷新广大用户的"心理底线"。而这远远不是电商的全部。

就目前电商发展的阶段来说，能发挥的更大作用是能在线上聚合用户的需求，反过来影响线下的销售和生产。举一个简单的应用：M811 销售，如果在线上销售两个月后，超过 20% 的用户在线上反馈要求要有金色，我们是否能够调整生产线，以满足用户的需求；或是将已有的零部件经过再配置组装后，为单个用户或小批量多品种市场提供定制产品；或是在下一款产品实现用户需求。将线上汇聚的需求倒逼生产方式的柔性化，从而使整条供应链围绕着用户需求的全面再造。

运营商做电商，如果借此利用互联网、物联网技术收集分析各种消费行为，挖掘社区价值和数据，再打通原有的金融＋电商＋物流，就能占据未来的社区消费终端场所。

3. 零售重在体验，全方位提升感知

对于运营商来说，借助独特的遍布到村的实体渠道优势，加以改造拓展，可以将官方实体零售店的作用发挥到最大。

运营商可以借此构建一个领先的售前、售后服务体系。在官方零售店布局不必追求满而全，而应该以能同时满足最多的用户体验产品为标准。比如苹果零售店的布局，除了放在桌上供用户体验的设备外，基本其他地方是空的。合理设计的布局，再辅以员工的体验指导服务，零售店必将成为运营商产品的最佳体验处。零售店服务的另一个重要部分是售后，唯有自己的官方零售店是最靠谱的终端售后解决方式。

零售还能建立流畅的企业用户双向沟通渠道。一方面，官方零售店是掌握最全线产品的渠道，根据战略重点适时调整展示产品，正是展示运营商需要什么样的手机、正在推出什么样手机的最好地点。比如近来作为战略性产品的 NFC 手机，就可以作为当前展示的重点，充分发挥刷新消费市场认知的作用。另一方面，零售店还是聆听和帮助用户的最佳方式之一。乔布斯曾就零售店发表过一个观点——苹果因为通过自己的零售店与数以百万的顾客进行了更直接的交流并获得相应的回馈。零售店可以认为是将企业搬到了用户能随时接触到的地方，既保证了产品的权威性，又获得了第一手的用户需求，还能让企业形象更加贴近大众。

"用户思维"是互联网思维的核心。"得用户者得天下。"当运营商能够一方面掌握用户数据，另一方面又具备用户思维时，自然能够携"用户"以傲天下。

演讲要点
The Main Points
of the Speech

Facebook CEO 马克 · 扎克伯格在清华大学的演讲

2014 年 10 月 22 日，在出任清华大学经管学院顾问委员会委员后，Facebook 创始人、主席兼首席执行官马克·扎克伯格在清华大学经济管理学院参加"顾问委员走进清华经管课堂"活动。这一次中国之行已经是扎克伯格第四次来到中国了。据说公司方面原本只是希望扎克伯格简单说几句中文，没想到他根本停不下来，与主持人进行了一场全程中文的对话。

1. 为什么学中文

他提到了自己从 2010 年开始学中文，有三个原因：一是他想和太太普里西拉·陈以及太太的奶奶交流。二是认为中国是特别伟大的国家，因此想通过学中文感受中国魅力。三是普通话非常难学，所以想挑战自己。

2. 为什么加入清华经管顾问委员会

因为非常关心教育，在美国做了很多支持教育的事情。希望加入清华经管委员会，能提供一个好机会学习和支持中国的教育。

3. 关于创业

他告诉在场学生，最好的公司都不是因为创始人想要创业而被创立的，而是因为创始人想要改变世界。如果你只是想要成立公司，你会有很多想法，但不知道哪个想法最好，最后会影响公司的发展；但反过来，如果你想要改变世界，有了很好的想法才去创业，这样你才会成立好的公司。

简单说来就是不要为了创业而创业，并不是每个在校学生都能复制 Facebook 的成功。

4. 在中国的计划

扎克伯格先以一句"我们已经在中国"表明了态度。主要有招聘和广告两个方面的计划。在招聘方面，Facebook 上个月已经在华招聘了 20 位中国学生，明年也将继续在中国展开招聘。在广告方面，Facebook 也可以帮助中国公司获得国外客户。比如说，联想在印度尼西亚就借助 Facebook 的广告来卖手机；杭州、青岛这些中国城市也都有自己的 Facebook 页面，Facebook 可以帮助它们向世界展示中国文化，也可以帮助世界其他国家连接中国。

5. 中国有创新的公司

虽然中国的不少公司都会被指责抄袭，但扎克伯格却觉得中国有很多创新的公司。他认为，小米有很好的产品，而且便宜，相信会发展很快。扎克伯格还了解到微信很（强）大，淘宝为中国人创造了很多工作机会。

6. 关于 Facebook

对于创建 Facebook 来说，扎克伯格觉得最大的挑战并不是把它建立起来的过程，而是如何在移动互联网浪潮来临时把它转变成一家移动公司。

扎克伯格说："我们最大的挑战发生在 2012 年，我们要把 Facebook 变成移动互联网公司。"2012 年左右的时候，Facebook 增长很慢，这个过程是非常大的挑战，但当 Facebook 变成移动公司后，现在有了 7 亿移动用户。

在 Facebook 从一家创业公司一步步走到今天这个体量后，扎克伯格也在想如何去押注未来。今年是 Facebook 十周年生日，对于下一个十年如何发展，扎克伯格已经锁定了三个大方向：第一是连接整个世界；第二是发展人工智能；第三是发展虚拟现实，Oculus 将是第一产品。

谈话中，扎克伯格也透露了很多生活细节，比如喜欢红色或绿色，因为 facebook 是蓝色；养了一只狗 beast（野兽）和一只牧羊犬，还为狗做了个页面，有很多粉丝；喜欢胡同小吃，也喜欢北京烤鸭。

五 行业的颠覆

颠覆性的革命

1. 竞争对手是谁

移动互联网的兴起正演化成一场影响广泛、深远、持久的颠覆性革命。

——音乐出版产业：从 2000—2010 年的十年间，因数字音乐发展导致整个音乐出版产业收入（包含数字音乐收入在内）下滑了 40%……

——传统银行金融：2013 年 11 月 14 日，余额宝规模超过 1000 亿元，按照当期收益率测算，千亿规模银行损失约 43 亿利息，各项损失累计近 100 亿……

——传统通信服务：9 个发达市场（美国、加拿大、法国、德国、西班牙、英国、意大利、新加坡、中国台湾）语音短信收入未来 5 年预测最大降幅可能到 46%……

——传统教育机构：2014 年 2 月 25 日，欢聚时代（YY）推出独立在线教育品牌 100 教育，宣布推出永久免费的托福、雅思强化班，新东方市值应声下跌 10%……

互联网最大的问题，或者说有趣的地方是：你永远不知道你的行业竞争手是谁。跨界已经成为一种必然趋势和普遍现象。如招商银行没有想过有一天阿里巴巴会是它的竞争对手；康佳没有想过，乐视会做电视；中国电信也不知道有一天腾讯会推出微信的免费电话。

产业竞争的最大威胁并不一定来自于产业内部，往往来自其他行业，甚至是某种匪夷所思的行业混搭。费尽心思建立的行业壁垒，很可能只是一道马其诺防线。你永远不知道，竞争对手是谁。

2. "比特"与"原子"的融合

麻省理工学院媒体实验室创造出了"比特"和"原子"两个结构。原子结构是指以原子作为基本单位的物质世界，是实体世界，如房子、报纸、手机等。比特结构是以比特作为基本单位的数字世界，是信息世界，如电脑游戏、电子书、电子音乐。比特世界产生于原子世界，依附于原子世界，而又作用于原子世界。

通常会把原子作为工业化时代的代表，把比特作为信息化时代的象征。在移动互联网时代，两者已互相融合。移动互联网为实体经济注入了社交化、移动化等原子特征，催生了新的行业和发展机遇。

在构建世界已从原子化走向比特化的过程中，产业互联网化、互联网产业化成为未来的两个趋势。

制造业

1. 工业 4.0

工业化的进程始于 18 世纪机械制造设备的出现，纺织机器的出现被称为第一次工业革命。20 世纪，在劳动分工的基础上，实现了电力驱动的规模化生产，被称为第二次工业革命。第三次工业革命是从 20 世纪 70 年代初直到现在，利用电子和信息技术（IT）提高了制造过程的自动化程度。德国政府在《高技术战略 2020》中将工业 4.0（Industry 4.0）确定为十大未来项目之一，已上升到国家战略。战略在 2013 年 4 月的汉诺威工业博览会上正式推出，目的是提高德国工业的竞争力，在新一轮工业革命中占领先机。

"工业 4.0"在制造业中利用物联网及服务互联网，传统生产方式有了重要变化。项目主要分为三大主题，一是"智能工厂"，重点研究智能化生产系统及过程，以及网络化分布式生产设施的实现；二是"智能生产"，主要涉及整个企业的生产物流管理、人机互动以及 3D 技术在工业生产过程中的应用等。三是"智能物流"，主要整合物流资源，充分发挥现有物流资源供应方的效率，需求方能够快速获得服务匹配，得到物流支持。

　　信息技术＋制造业，我们已经进入了新工业革命时代。

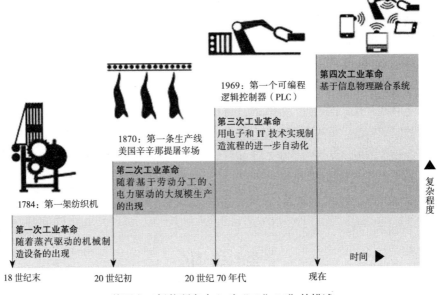

德国人工智能研究中心对"工业 4.0"的描述

2. 用户就是生产者

　　1980 年，美国未来学家阿尔文·托夫勒就在《第三次浪潮》中预言，生产者和用户的界限将会逐渐模糊，二者将融合为一体。"生产型用户"prosumer，即 producer（生产者）和 consumer（用户）的合成。

　　工业生产经过了几个阶段，最初是物资贫乏，有产品不愁卖，用亨利·福特的话来说，"不管顾客需要什么颜色的汽车，我只有一种黑色的"；随着生产者增多，企业要从用户的需求出发来生产。而在这个新的互联网时代，用户需求多样化，企业又从大规模生产转向定制化的产品。除了在销售的最末端，用户还将参与到产品的设计和开发环节中来。这已经不仅仅是传统的 C2B 模式。人们宁愿多花钱，也要选择有自己劳动结晶凝聚在内的产品。

　　比如特斯拉，这家 2003 年建立的汽车公司，出品的第一种车型 Model S

是纯电动汽车，完全使用电池供电。这完全不同于传统的汽车生产模式：以前是设计出单一模式后每年进行大批量生产，通过经销商网络推向市场；而现在是用社区聚集世界各地的设计高手，进行创新与改进，设计传送到供应商网络上，供应商将零件准时生产直接递送，本地工厂装配质检出售。整个工厂可进行程序控制，因此每辆下线的汽车都能做到彼此不同。

3. 全世界都是我的研发部

按央视大型纪录片《互联网时代》的数据，在 20 世纪 50 年代，著名的波音 707 客机只有 2% 的零部件是在国外生产的，而现在 90% 是由遍布于全球各地的 40 个合作伙伴共同完成的。《爆发：大数据时代预见未来的新思维》的作者艾伯特·拉斯洛·巴拉巴西说："在过去，大多数的功能之所以都集中于同一组织，是因为这么做更便宜。互联网带来的改变是它让外包变得便宜得多。维持和开发产业链，在今天已经不再那么昂贵了。所以，从某种意义上讲，产业网络变得更有利润、更有价值了。因为交易成本的降低。"

走在互联网前沿的海尔，搭建了全球研发平台，纳入全球 10 万知名高校和科研机构，涉及电子、生物等多领域，共同参与产品设计。

在新的创客市场中，制造和销售通常是一回事。如创客常用的众投，就是

海尔全球研发网络

集合希望获得某项产品的众人之力，实现产品的诞生。将产品面世以后才进行的支付提前到产品生产之前。

如同《维基经济学：大规模协作如何改变一切》中所说的，"世界就是你的研发部"。

4. 风起云涌的创客运动

网络打印照片是我们现在常见的服务。而将来，只要上传文件就能得到制造好的成品，这叫云工厂。就像我们现在文字处理时有打印选项一样，将来类似的智能打印（制造）软件也将成为计算机的常用软件。制造业变成了另外一种可以用网络浏览器获取的"云服务"。

互联网时代，制造业的准入门槛已经降低。克里斯·安德森在《创客》一书中把新工业革命看作数字制造和个人制造的合体。创客是互联网对制造业的革命。创客时代的制造业变革不是更改制造过程，而是改变了由谁来制造。

除了上传云工厂，目前常见的是在桌面工厂制作产品。在桌面工厂常用的四个工具：一是 3D 打印机，获取屏幕上的几何图形，然后将其转变成可以拿在手里使用的实物。二是数控机器，用钻头切割出产品。三是激光切割机，用强力激光精确切割出各种形状，然后拼接。四是 3D 扫描仪，实现现实捕捉，把实物变成三维影像。

据我们所已知，打印出来产品包括鞋子、相机、吉他等。当然创客运动是否成气候，关键还是要看其对整体的经济影响有多大。汽车行业自然是首当其冲。世界上首辆全 3D 打印车已经试驾，这是美国汽车制造商 Local Motors 的作品。

世上首辆全 3D 打印车试驾

教育业

1. 俞敏洪：无法按原有的思维和模式守住我的地盘了

新东方创始人俞敏洪，被评为 20 世纪影响中国的 25 位企业家之一，上过《财富》2012 中国最具影响力的 50 位商界领袖排行榜，也多次入选胡润财富榜。而在互联网时代，他也遇到了头疼的事。在为《互联网思维——独孤九剑》作的序中，他提到："2013 年，是新东方成立二十周年，在周年庆典上，所有人都在庆祝，而我却陷入焦虑和痛苦之中，因为我知道，用二十年时间发展起来的新东方，未来的二十年，路真是不好走。过去的成功跟未来的成功没有多大关系。所以庆典当天晚上，我就把新东方前 150 个管理干部拉到北京郊区，封闭整整四天，讨论未来二十年的发展思路，思考如何重构新东方的商业模式，更换新东方的基因，以实现拥抱互联网的转型和升级。更换基因这个坎过不去，基本上就要死。不是增长还是不增长，而是生存还是死亡。能不能拥抱互联网，成了生死问题。"

于是，我们看到在 2014 年 1 月 21 日新东方公布的最新财报中，有了联网相关战略，包括线上线下结合 O2O 和纯线上学习产品。按俞敏洪自己的话来说："宁可在改革的路上死掉，也不愿死在原来成功的基因里。"

互联网大潮中，最容易受到冲击的是教育行业。

2. 一个人建立的可汗学院

2004 年，拥有美国麻省理工和哈佛两所大学硕士学位的萨尔曼·可汗为了给表弟、表妹辅导数学，在 YouTube 网站上传自己制作的教学视频，拥有了数十万观众，从此一发不可收。2009 年，可汗辞职成立可汗学院。如今，可汗学院教学视频已经有五千多个，翻译成了西班牙语、法语、俄语、汉语等十余种语言，覆盖了从幼儿园到高中的所有教学科目，并且向医学、艺术、金融、历史等领域扩展。老师也从只有可汗一个，到已有 32 位教师加盟，还有一支庞大的志愿者队伍。可汗学院曾获得 2009 年微软教育奖，2010 年在谷歌发起的"十项目"竞赛（为 5 个"可能改变世界"的组织提供总额 1000 万美元的奖励）中获得资助，可汗学院创造了人类教育史的一个传奇。

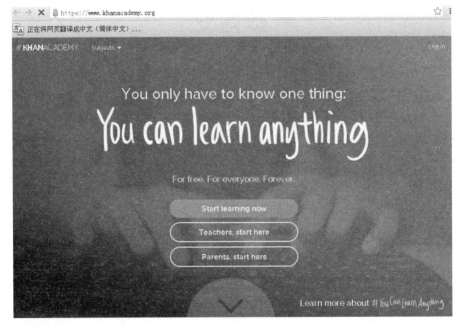

可汗学院

和传统的把老师上课过程摄制后上传网络不同，可汗的教学视频则突出学生"学习"的过程，比如会用很多例子来解释某个概念，让学生可以跟着视频自学，有疑难的时候再找老师请教。用可汗自己的话是："我的目标就是做出大家愿意跟着学习的视频课程。看到人们在'可汗学院'的帮助下进入大学或取得好成绩，我实在是太高兴了。"

3. 让所有人都能享受公平的教育机会

曾经孕育了互联网的教育制度受到来自互联网的冲击。

首先是诸如四六级、考研、托福、GRE等成人职业教育。成年人会自觉选取最有效、最快捷、最方便，同时价格最低的学习方式。互联网提供了很多这种资源，并且加入了互联网特征。如沪江网，用社交属性来构建沪江网校；用Flash和音频制作课程，定价很低；还制作了50多个APP，方便随时随地学习。其次是学习方式的变化。古之欧阳修说读书要用"三上"，即在马上、枕上、厕上都要学习。在移动互联网时代，已完全实现了随时随地碎片化学习。随时拿出智能设备看书、听音频、看视频。最后则是获取教育资源变得更容易。理论上，全球任何地方的学生都能够通过互联网，接受全球的优质教育，包括偏远地区的学校。全球变成一个没有边界的学校，每个人都享有平等的受教育的权利。

互联网为教育带来了开放性、透明性、共享性。

罗伯特·卡恩（TCP/IP 协议联合发明人、互联网之父）曾说过：未来大学需要有固定的地点吗？看看如今的图书馆——数字图书馆，我们不需要把它搬进各种各样的建筑中，只要有网络就会有图书馆，不论在什么地方。

4. 改变的不仅仅是教学形式

运用大数据、云等互联网工具，还提升了整体教育管理的实效。

比如，过去老师讲题可能对每一个知识点所用的时间是平均分布的，而现在学生在系统上做题，老师可以知道哪些题容易错，从而对此知识点多讲几遍。再简单一些，一个微信群就可以让老师、家长保持高效、实时沟通，这在中小学的教学领域是十分有效的方法。还有错题本，这个中小学必备的学习利器，也可以通过网上直接为每位学生建立个性化库，使老师能够有针对性，让学习更有效。

教育管理过程已变得十分方便和高效。

零售业

1. 支付宝十年对账单大数据

近来朋友圈、微博的热点是分享自己的"十年账单"。这是继 2011 年开始，每到年底支付宝的年度账单后，又推出的"十年账单"。

根据发布的数据，自 2004 年支付宝成立以来，全国人民十年网络总支出笔数为 423 亿笔。从数据中可以看出，中国经济最强的东部地区在互联网时代仍然一马当先，在网络支付和消费上是当之无愧的领头羊。从十年的总支付金额占全国的比重来看，广东、浙江、上海、北京和江苏稳居前五。

实际上，十年的支付宝对账单，不仅是个人的记账本和分析师，更重要的是反映中国网民消费方式，见证电子商务的变化，是这十年中国零售业互联网发展的缩影。

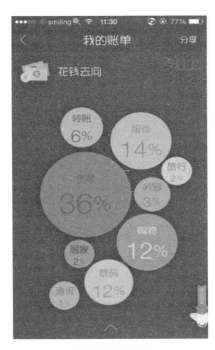

支付宝十年账单

2. 传统企业抢滩 O2O

2014 年的"黑色星期五"（因为美国的商场一般以红笔记录赤字，以黑笔记录盈利，而感恩节后的这个星期五人们疯狂的抢购使得商场利润大增，因此被商家称作黑色星期五），11 月 28 日这天，美国 4500 家电商线上销售额只有 24 亿美元，而线下零售额为 68 亿美元，线下零售较线上销售额依然强劲。与此形成对比的，是中国阿里巴巴"双十一"的 93 亿美元（571 亿元人民币）。

零售业从事商品流通服务，互联网的本质是减少距离，提高沟通效果。零售业正是首当其冲的行业之一。再加上中国线下商业和服务竞争力相对比较弱的原因，中国线上零售业销售额节节升高。回顾历年"双十一"，2009 年"双十一"销售额 5200 万元；2010 年"双十一"总销售额增至 9.36 亿元；2011 年，这一数字飙升至 52 亿元；而在 2012，天猫"双十一"购物狂欢节实现 191 亿成交额；2013 年双十一达 362 亿元，占到当天中国社会消费零售总额的一半以上。

这使得传统零售业纷纷向移动互联网转型，主要的切入点是 O2O。很有代表性的是苏宁。张近东先生提出了"一体两翼互联网路线图"，指出中国零售业未来发展的方向就是互联网零售，两个 O 是两翼，即同时在线上和线下都拥有自身能够掌控的渠道；实现两个 O 的无缝协同和高度融合是开放平台"苏宁云台"，将自身物流、信息流和资金流等资源全面向社会开放，搭建共赢的生态圈。

苏宁的互联网战略

在苏宁看来，O2O 的标准是商品统一、价格统一、促销统一、支付统一、服务统一。

另一位零售业巨头万达董事长王健林同样认为，线上线下是竞争共存的关系——"电商与实体决不能非此即彼，实体企业同样可以做自己的电子商务。"万达的电商网站"万汇网"上线，显现出万达也开始尝试虚实结合的O2O 模式。

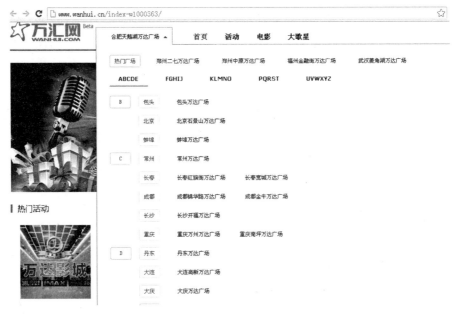

万达的万汇网

电商并不是零售真正的未来，而只是一种过渡模式，只有线上线下的结合，才是转型变革的方向。对于传统企业来说，线下门店不是负担，线上获取消费者并将他带到线下门店，线下门店不仅可以提供服务和购物体验，还能成为物流配送点。

3. 社区便利店业态成为发展方向

零售业向互联网转型，重要组成部分是物流。除了流通环节，也希望能整合渠道资源，在生态圈内拓展其他领域。以顺丰为例，旗下网购服务社区店嘿客在 2014 年 5 月 18 日正式在全国铺开，首批共 518 家，除青海、西藏以外，在全国各省市自治区均有覆盖。顺丰打算将在不超过一年的时间内开设不少于4000 家店。

嘿客可以提供快递物流业务、虚拟购物。店内用海报、二维码墙放置虚拟商品，客户可以通过手机扫码、店内下单购买，其模式与英国最大的 O2O 电商 Argos 十分相似。不过和 Argos 不同，嘿客除试穿试用的样品外，店内不设库存。

嘿客很多功能是基于其快速物流的优势，如顾客不用支付货款即可向商家预约，待商品到店进行体验后再行购买，无论购买与否配送均由顺丰承担。顺丰还通过已有冷链物流，在消费者购买水果、粽子等生鲜品类时提供上午下单下午送达的配送服务，也方便选购生鲜品类的消费者上门自提。

除快递物流业务、虚拟购物外，话费充值、机票预订、水电费缴纳等服务也将是嘿客今后能实现的便民服务内容。今后嘿客还将具备 ATM、冷链物流、团购／预售、试衣间、洗衣、家电维修等多项业务，用以完善嘿客的社区网购便民生活平台。

顺丰嘿客

同样的业态形式，也被大型连锁商业机构以及其他类型的商业机构所看好。家乐福、麦德龙、大润发、北京华联接连爆出涉足便利店业务的消息。

家乐福涉足便利店业务

新闻业

1.《中国经营报》的"内部改革动员令"

关于传统媒体的转型，《中国经营报》的改革是经常被引用的案例。

其掌舵人李佩钰在 2013 年 10 月 24 日发布的"内部改革动员令"中开篇即说："我们即将迎来一次大范围的组织机构调整。这次

—— 经营成就价值 ——
中国经营报
CHINA BUSINESS JOURNAL
中国经营报

调整不是针对个别部门或某些人，而是自上而下，涉及中国经营报社全体，我们所有人。请想象一下，明年，这个报社没有基于传统官媒的各层干部了，广告部门没有了，取而代之的是像互联网公司一样的形形色色的项目团队。请不

要怀疑，这就是我们的未来，是我们无可回避的改变。"

在李佩钰看来，未来媒体的趋势有三：一是传统平面媒体将成为产品组合之一；二是专业化永远是主流；三是转向为客户定制的立体整合传播方案。

2. 这是我们每个人的时代

公元前 60 年，古罗马政治家恺撒把罗马市以及国家发生的事件书写在白色的木板上，告示市民。这便是世界上最古老的报纸。中国最早的报纸是汉代邸报。1609 年，德国率先发行定期报纸，1660 年发行了世界上第一张日报，开始逐步形成传统新闻业。

随着智能手机开始爆发，传统传媒产业江河日下的命运已不可逆转。2012 年 12 月 31 日，《新闻周刊》出版了最后一期纸质版。

互联网为新闻业带来不一样的玩法。自 2005 年伦敦地铁爆炸案第一张现场照片来自于一个普通手机客户后，BBC 开始在组织机构增加各种与用户互动的渠道。一是"听你说"UGC 内容入口，让用户参与内容生产，UGC 社交网络媒体部 24 小时收集来自全球的公民记者发布的信息。如今，BBC 每天发布的新闻中，来自公众发布的信息已经占据 40% 的比例。二是开辟新媒体渠道，打开用户互动的渠道。其中有 BBC Red Button（BBC 订户电视遥控器上的一个按钮，用户可以用它切换 24 个直播码流，也可通过一个按照字母顺序排列的节目表找到想看的节目）、BBC iPlayer（播客，用户可以点播过去七天里播出的电台电视台节目）。

美国《时代》周刊 2006 年度人物

2006 年，美国《时代》周刊将年度人物给了"YOU"。YOU 是所有坐在计算机前的你我他，既是在虚拟世界里遨游的比特人，也是现实生活中的消费者。是的，就是"你"，每一个互联网中的普通人，欢迎来到"你"的时代。

3. 不是只有人才会写新闻

由 CiscoSystems 工程师 Robbie Allen 在 2007 年一手创办的机器人新闻公司 Automated Insights（以下简称 AI），借助人工智能，挑战专业记者已成为媒体圈新贵。

AI 目前主要技术产品是 Wordsmith，这个技术平台能够接收几乎任何数据格式（包括 APIs、XML、CSVs、spreadsheets 等），然后通过算法找出数据特点趋势与内容来龙去脉，生成叙述性的长短文章、报表、可视化图形等，最后借助云服务，通过 API、JSON、XML、Twitter、E-mail 等渠道实时推送文章。有超过 3 亿模板可以供不同的新闻使用，它们在 2013 年就产生了 3 亿篇新闻，比其他所有媒体加起来的还要多。Wordsmith 技术消除了传统媒体的弊端，因为可以瞬间反应并在短时间内处理大量数据。2014 年，AI 计划生产出 10 亿篇文章。

目前与 Automated Insights 合作，或是直接投资或是运用其技术的机构中不乏科技巨头与权威媒体的身影：微软、美联社、雅虎、三星等。特别是 2014 年 7 月，美联社宣布使用其开发的新闻书写软件代替人力写作美国上市公司财报报道稿件，让其名声大振。

社会管理

1. 奥巴马：让互联网穿透白宫和民众之间的高墙

奥巴马是美国历史上第一位黑人总统，而另一个标签是第一位借助互联网竞选成功的美国总统。有几个数据：

——在 2008 年第一季度，奥巴马竞选团队的网络营销支出就高达 347 万美元。

——截至 2008 年 10 月 15 日，奥巴马已经成功募款 6.4 亿美元，其中 87% 是通过网络募来的。

——奥巴马在 YouTube 的视频片段流量时长达到 1450 万个小时。

——在谷歌"关键字广告"投入了数百万美元。

互联网时代，传统主流媒体对政治的影响已经日渐衰弱。奥巴马竞选团队利用互联网所有的社交工具，直接面对无数的底层民众。奥巴马采用电子邮件广告、Banner 广告、搜索引擎广告、网络游戏内置广告等形式，让每个美国公民使用互联网的同时，几乎每时每刻都能看到本人，了解他的政治主张。甚至于奥巴马竞选团队还能通过这些互联网工具，捕捉、分析选民的赞成、反对、犹豫，从而进一步调整竞选策略。这也使得奥巴马在成功当选总统后，坚持要把黑莓手机带进白宫，并宣称让互联网穿透白宫和民众之间的高墙。

电子政务成为全球各级各政府的新趋势。在韩国，政府构建"唯一视窗电子政府"服务平台，公民除了可在线提交政府服务申请文件、查询政府信息服务外，还可以通过订阅 E-mail，以电子方式获取政府发布的各类文件。在中国，县级以上政府基本都开通了网站，各级部门微博拥有亿万粉丝。

2. 唤醒沉睡的大数据

上海率先实行政府数据资源向社会开放，政府大数据免费供全民共享。打开上海市政府数据服务网，有地理位置、道路交通、公共服务、经济统计、资格资质、行政管理 6 大领域的信息可供下载使用。可以下载的信息包括社保卡受理网点、派出所基本情况等。

公开共享数据，是社会化管理互联网变革的第一步。接下去必然要用大数据实现更多的创新。

上海率先实行政府数据资源向社会开放

美国已经使用大数据技术对历史性公众活动、发薪日、体育项目和假日等变量进行分析，从而优化警力配置。在新加坡，智能交通综合信息管理平台通过准确预测交通流速和流量，显著提升了高峰时段车辆的通行效率。在中国，北京结合政务数据和社会力量，开发出"游北京"和"爱健康"两个程序，提供餐饮旅游和卫生保健指南。

3. 以使用者价值为主的服务

2013 年，有一条只执行了 5 天的交规。

公安部颁布新规，2013 年 1 月 1 日起闯黄灯要被扣六分。根据数据统计，仅 1 月 1 日一天，新浪微博有关黄灯的微博多达十万条；网友上传的因黄灯急停发生的追尾事故有一百多起。互联网汇聚的声音迅速从街头路口汇聚到国家决策层。2013 年 1 月 6 日，新通知下发，对目前违反黄灯信号的以教育警示为主，暂不予以处罚。

在互联网工具的帮助下，社会管理正从以行政便利为主的服务转变为以使用者价值为主的服务。

在网上已经有很多切实为公众服务的项目，如查询各项社会福利、登记驾驶考试、办理户口等。在福建等地，港澳出入证的再签证甚至不用到出入境大厅，只要在家里等着邮政 EMS 上门收资料、再等收办好的证件就可以了。

福建公安在网上开放公众服务项目

金融业

2014 年 11 月 24 日，中国证券业协会又公布了新一批互联网证券业务试点资格。这是在已有 14 家证券公司可以开展互联网证券业务试点后的又一批试点。现已有 24 家证券公司可以开展互联网证券业务试点，证券行业正在积极与互联网展开深层的合作和尝试。

第一批（6 家）：中信证券、国泰君安证券、银河证券、长城证券、平安证券、华创证券。

第二批（8 家）：广发证券、海通证券、申银万国、中信建投、国信证券、兴业证券、华泰证券、万联证券。

第三批（10 家）：财富证券、财通证券、德邦证券、东海证券、方正证券、国金证券、国元证券、长江证券、招商证券、浙商证券。

互联网证券业务最简单的就是在网上开户，视频见证、证件即时扫描上传等证券业务风险控制环节已能顺利进行。其他还包括提供金融资讯、开发新业务等。甚至还有在对客户信息做大数据分析后，经纪业务的分级管理等。

而这只是在不可回避或不可阻挡的互联网浪潮中，金融业变化的一个部分。

1. 互联网金融，还是金融互联网？

互联网金融和金融互联网是不同的两个词。前者突出互联网，用云、大数据、社交网络以及搜索引擎等互联网工具来开拓出一个新领域。后者则突出金融，将金融业务互联网化，将金融从线下搬到线上。

和别的行业不同，金融业有其特殊性。由国家高强度管控，可以说是非市场化竞争。运营商的员工经常提起的话题就是，"银行有十几家，怎么都不用像我们这么竞争？"

在互联网向传统行业全面渗透的时代，互联网也在倒逼着金融业。从支付宝开始，互联网以超越传统银行的效率、便利，在一步一步改变金融业的游戏规则。阿里巴巴的余额宝，百度的百发在线理财，新浪的微博钱包，腾讯的微支付、基金超市，京东的京保贝等，互联网金融势不可挡。传统金融业已意识到了危机，或主动或被动地在互联网推动下改革进步。

按蚂蚁金服首席战略官陈龙在 2014 中国微金融发展论坛暨微金融 50 人论

坛成立大会上的演讲，他对金融生态圈的理解是这样的：上面是商业生态圈，金融是为商业服务的。底下有两块，一块是金融机构，金融机构为商业服务。另外一块是监管，通过监管金融机构为商业服务。无论是金融机构还是监管，要做得好，核心的因素有三个方面：渠道、技术、数据。

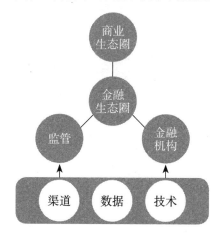

金融生态圈本质

2. 集小需办大事

互联网技术很容易整合小微需求，集小需办大事。典型的例子是余额宝这种互联网式基金理财玩法。余额宝由第三方支付平台支付宝为淘宝用户打造，天弘基金靠此一举成为国内最大的基金管理公司。互联网降低了基金投资的门槛，看中人们闲置资金的理财需求，申购赎回普遍达到了 T+0。百元以下即可转入，并可获得收益，还能实时看到当天收益；收益也相对较高。年收益基本在 6% 左右，而银行的活期不过 0.35%。再加上互联网式的营销，互联网基金理财已成热潮。

连运营商都开始发行宝宝类理财产品。比如中国电信旗下"翼支付"的"添益宝"产品，在 2014 年 4 月 30 日推出，成为第一款运营商系的互联网理财产品；2014 年 7 月中旬即突破 50 万。

中国电信"添益宝"产品

3. 技术革新增加便利

由金融机构推动，通过互联网技术提高生产效率。典型的例子，如网上银行，功能上几乎能覆盖线下银行的基本业务，包括行内（跨行）转账、查询明细、投资理财等都可以通过网上银行完成。

更新的做法是"微信银行"，在微信平台开设公众号。在这方面，招商银行一直走在前面。公众号以"小招"自称，可以提供消费提醒、额度查询、自动还款等功能。现在还提供语音服务，你可以对着"小招"说："查账单。"系统即可将查询结果显示出来。

招商银行的微信银行

当然还有第三方支付，已迅速培养起人们的电子商务习惯。除了像支付宝、财付通等侧重线上，银联商务、拉卡拉等侧重线下商户和终端铺设外，微信支付则以重视场景争夺支付入口。支付是应场景而生的，嘀嘀打车时支付、大众点评团购时支付、淘点点时支付、充话费支付等应用形成了 O2O 的闭环。

4. 改变传统金融形式

P2P、众筹等新金融形式的出现在一定程度上绕过了传统的金融机构。

P2P（Peer to Peer）网贷，根据银监会与小额信贷联盟的公文，中文官方翻译为"人人贷"。即有资金并且有理财投资想法的个人，通过中介机构牵线搭桥，使用信用贷款的方式将资金贷给其他有借款需求的人。P2P 由 2006 年"诺贝尔和平奖"得主尤努斯教授（孟加拉国）首创。众所周知，传统的借贷业务主要依靠银行进行，而互联网方法做信贷，主要是通过数据挖掘企业信用，在网络上完成申贷、支用、还贷，通常支持随借随还，以日计息。如阿里小贷，让用户可以用在淘宝上积累的信誉当作担保凭证，不需要资产，不需要银行申请，不需要面签。阿里小贷把这种基于互联网和大数据的放贷模型称为水文模型。

阿里巴巴的阿里小贷

银行在开展借贷业务时，通常是借助双方信息不透明来获取利差。而用互联网则达到了透明，借、贷双方信息透明，可以自由地相互选择。除了阿里小贷形式外，热门的 P2P 信贷平台还有两种形式：一是有担保机构担保的交易模式。平台作为中介不放贷，只提供金融信息服务，由合作的小贷公司和担保机构提供双重担保。典型代表例如有利网、诺帮友信。二是有大集团背景的互联网服务平台，有较浓的传统金融色彩。如平安陆金，依然采用线下的借款人审核，并与平安集团旗下的担保公司合作进行业务担保。

人人贷

众筹可谓是最符合金融普惠原则的产物。众筹分奖励、鼓励、股权、债权四种，众筹的内容不仅仅是金融产品，甚至可能是某个公益项目。而众筹最常为人们所应用的部分在于风投，即对创业项目的融资。传统融资一般要经过银行、风险投资机构或是个人投资者的严格评估后获得。但在众筹模式中，某个初创项目可以通过很多人的投资支持，发起者只需通过股权或其他方式回报投资人即可。人人都可以做一次风投家。

2014 年俞永福在 MDCC 上的演讲

MDCC 是由 CSDN 和创新工场联合主办的移动开发者会议，致力于推动中国移动互联网生态系统的成长。自 2010 年开始已连续举办四届，每届都会有上百场的讲座，主题覆盖技术开发、产品设计、营销推广、创业投资等。

2014 年的主题是"你就是主角"，10 月 31 日—11 月 2 日在北京举行，包括移动开发技术与平台、移动游戏、智能硬件三大主题峰会，以及产品与设计、企业移动化、推广盈利与投资论坛三大主题论坛。今年的会议还有移动开发者大会的电信专场，名为"'翼'决高下，共赢未来"。

阿里巴巴集团 UC 移动事业群总裁俞永福在大会上作了题为《AMAP Inside：更专业、更开放》的演讲，要点如下。

作为 BAT 三大互联网巨头之一，俞永福这样分析其他两家。

关于腾讯，两个大的专业是通信和游戏，这是腾讯的命根，腾讯走得非常坚实，除非遇到行业的技术变迁，否则很难颠覆。

百度则是在搜索，尤其是在 PC 搜索这个领域特别专业的。在后面聊到地图业务的时候，俞永福还放了句狠话，认为有些公司在战略上有所失误，其实说的就是百度的地图业务主要来自于四维的合作，而腾讯今年年初入股了四维，所以如果腾讯哪天在地图上准备得差不多了，釜底抽薪的事情一定会发生！而且俞永福很不忌讳地在演讲中拿着高德地图和百度地图的工体南路的实测相比，表明高德地图是绿色的，有实时交通信息；百度的黄色是没有实时交通信息的。

以此说明高德能够做到全域的实时交通信息的覆盖，帮助用户躲避拥堵。

现在的问题是大公司在互联网时代是不是战无不胜，其他创业者或创业公司是否就没有机会了？俞永福认为作为大公司进入任何领域，它可以利用自己的体量优势取得一定的市场，但是创业者可以用"专注而专业"取得各自领域的成功。他让大家思考，这些年来，除了通信以外，像输入法、浏览器、安全播放器这样的几十个软件，是不是在各自领域都是那些专业的公司和专业品牌取得了行业的领先。

俞永福看好的互联网的下一个业务是 LBS。LBS 与传统线上业务结合能大概率地催生"新物种"，是移动互联网的增量。人人都需要的服务在整个互联网里其实是为数不多的，而出行就是。LBS 是地图服务和互联网服务的跨界融合，能当作一个现实生活和虚拟生活非常好的连接点。在现场做了个调查，使用高德地图的朋友中有三分之二在使用出行的服务。

说到这，就要提到高德地图的名字，就叫 A MAP，一张地图。简单地追求，但是越简单就越要做到极致。在高德内部有一个讲法，就是有两个高德，一个是大家看到的高德，另一个是大家看不到的高德。大家看到的高德是什么呢？是高德的应用、产品，有三个：第一个是导航（在手机导航领域，高德是行业的第一。分享两个数据，高德的市场份额是 50.6%，百度是 39.3%）；第二个是手机实时交通领域；第三个则是手机地图。

看不见的高德，是指其已经走过 12 年，处在行业领先地位，背后大量的积淀，包括在追求数据的全面、追求数据采集的快速、追求数据的准确、追求数据的真实细节等方面。高德有自己的飞机，可以自己航拍的。

　　未来高德的战略会是什么：专注在 LBS 的技术服务、研发。不做 LBS 平台之上的第三方的应用和发展。在高德分享平台上，已经包括 UC、支付宝等阿里旗下产品，还有携程、美团、唱吧等都在使用这样的服务平台。选择合作的标准只有一条，做的服务是最专业的，用户的满意度是最高的。据说高德是不和合作伙伴分账的，百分之百归合作伙伴。

　　所以未来这三年，高德会做的就是专注于用户需求，专注于做最好的地图导航产品，专注于地图导航产品的技术研发，只考虑怎么花钱，只考虑用户要什么，商业的问题一概不想。

　　也许先把产品做到了极致，商业赢利就不成为问题了？

读书笔记

Reading
Notes

凯文 · 凯利的《失控》

　　《失控》全名为《失控：机器、社会与经济的新生物学》，由著名的《连线》杂志创始主编凯文·凯利成书于 1994 年。书中记述了他对当时科技、社会和经济最前沿的一次漫游，以及借此所窥得的未来图景。书中提到今天正在兴起或大热的概念，包括大众智慧、云计算、物联网、虚拟现实、敏捷开发、协作、双赢、共生、共同进化、网络社区、网络经济等。因为是用众包形式翻译的，所以感觉略为零乱。但我觉得，这真是一本充满着浪漫主义情怀的书。书摘如下。

（1）由布鲁克斯的移动机器人实验室开发出来的一套适用于分布式控制的方法：先做简单的事。学会准确无误地做简单的事，在简单任务的成果之上添加新的活动层级，不要改变简单事物。让新层级像简单层级那样准确无误的工作。重复以上步骤，无限类推。

（2）很多独立的专业机构关心各自的重要目标（或本能），诸如觅食、饮水、寻找庇护所、繁殖或自卫，这些机构共同组成了基本的大脑。拆开来看，每个机构都只有低能儿的水平，但通过错综复杂的层级控制，以许多不同的搭配组合有机结合起来，就能创造高难度的思维活动。

（3）生命的核心价值不在于它繁殖的不变性，而在于它繁殖的不稳定性。生命的密钥在于略微失调的繁衍，而不是中规中矩的繁衍。这种几近坠落乃至混沌的运行状态确保了生命的增殖。

（4）我最终发现，想要得到和生命真正类似的行为，不是设法创出真正复杂的生物，而是给简单的生物提供一个极其丰饶的变异环境。

（5）一个系统就是任何一种能够自说自话的东西。而所有的有生命的系统以及有机体，最后都必然精简为一组调节器，即化学路径和神经回路，其间总是进行着如此愚蠢的对话：“我要，我要，我要要要；不行，不行，你不能要。”

（6）马克·威瑟说：“你知道虚拟现实的出发点是将自己置身于计算机世界，而我想要做的恰恰相反。我想要把电脑世界安置在你身周、身外。将来，你将被电脑的智慧所包围。”

（7）网络式经济的未来在于设计出可靠的流程，而不是可靠的产品。与此同时，这种经济的本质意味着这种流程是不可能最优化的。在一个分布式的、半活性的世界中，我们的所有目标只能被"满意化"，并且这种满意也只能保持很短的一瞬。

（8）一个网络，其价值增长的速度要超过其用户增加的速度。

（9）动物就是能够正常运作的机器人。支配动物的去中心化、分布式控制在机器人和数字生物身上同样适用。

（10）知其然，不知其所以然——这正是生命所秉持的最高哲学。

（11）罗伯特·里德指出，生物能通过以下可塑性来回应环境的变化：形态可塑性（一个生物体可能有不止一种肉体形态）、生理适应性（一个生物体的组织能改变其自身以适应压力）、行为灵活性（一个生物体能做一些新的事情或移动到新的地方）、智能选择（一个生物体能在过去经历的基础上做出选择）、传统引导（一个生物体能参考或吸取他人的经验）。

（12）达尔文在《物种起源》第 3 版中这样提醒读者：自本书的第 1 版起，我就在最显眼的位置——也就是绪论的结尾处——写道："我确信自然选择是物种变化的主要途径，但并非唯一途径。"

（13）我期待着在具有开放性和可持续创造力的人工进化中看到以下特性：共生（便捷的信息交换以允许不同的进化路径汇聚在一起）、定向变异（非随机变异以及与环境的直接交流和互换机制跳变、功能聚类、控制的层级结构、组成部分的模块化，以及同时改变许多特性的适应过程）、自组织（偏向于某种特定形态（譬如四轮）并使之成为普遍标准的发展过程）。

（14）宇宙中并存着两个趋势。一种是永远下行的趋势，这股力量初时炽热难当，然后嘶嘶作响归于冰冷的死寂。即卡诺第二定律，所有规律中最残酷的法则：所有秩序都终归于混沌，所有火焰都将熄灭，所有变异都趋于平淡，所有结构都终将自行消亡。第二种趋势与此平行，但产生与此相反的效果。它在热量消散前（因为热必会消散）将其转移，在无序中构建有序。它借助趋微之势，逆流而上。这股上升之流利用其短暂的有序时光，尽可能抢夺消散的能量以建立一个平台，为下一轮的有序作铺垫。以这种方式在混沌中孕育出反混沌，我们称之为生命。

（15）生物进化在时时刻刻的艰苦努力中，已经发展出七个主要趋势，这也将伴随人工进化漫长旅程的左右：不可逆性、复杂性的递增、多样性的递增、个体数量的递增、专属性的递增、相互依存的递增、进化性的递增。

（16）我总结出了操纵无中生有的造物九律：分布式状态，自下而上的控制，培养递增收益，模块化生长，边缘最大化，礼待错误，不求目标最优、但求目标众多，谋求持久的不均衡，变自生变。

延伸阅读

Extended
Reading

那只智能终端的黑天鹅（上）
——移动互联网时代智能终端安全有多严峻？

在 17 世纪前，欧洲人一直认为天鹅都是白色的。因为当时所能见到的天鹅的确都是白色的，所以根据经验主义，天鹅一定是白色的。直到 1697 年，探险家在澳大利亚发现了黑天鹅，人们才知道其实经验并不完全是对的——并非所有的天鹅都是白色的。见到第一只黑天鹅，对鸟类学者而言是一个惊喜，但事情的另一面，则让我们认识了人类经验的局限性，哪怕你是在观察了几百万只天鹅之后才得出了"所有的天鹅都是白色的"结论，一只黑天鹅的出现就足以颠覆一切。安全就是智能终端的那只黑天鹅。我们总结了很多事件，用了很多方法，以为掌握了规律，完全控制了手机，保证了安全，其实我们对安全的了解，已知的大大少于未知的；更进一步说，我们完全不可能真正地把握住安全，我们无法透过观察、归纳已经发生过的事件，来预知未来安全的问题。我们只能在未知的事件发生之前，尽己所能，保证好智能终端的安全。

在你的认知中，终端不安全最严重的后果是什么？

首先想到的是隐私泄露的问题。近期最吸引眼球的新闻之一是爆出的好莱坞 iPhone 手机的"艳照门"事件，这让苹果云服务 iCloud 备受争议。这并不是某个区域或某款设备的个例。DCCI 互联网数据中心联合 360 手机安全中心发布《2014 年上半年 Android 手机隐私安全报告》（以下简称报告）显示，92.8% 的安卓手机用户在手机中存放隐私，智能手机已经成为隐私最多的设备。隐私通常包括两个部分：一个是私人信息，比如通讯录、短信、照片、文件、邮件。更重要的是生活习惯的隐私，比如生活购物类应用会读取位置信息；影音图像类应用需读取位置、发送短信；社交通信类应用则常常要求设备信息、位置和录音权限等。也就是说，你在哪里，做什么，理论上手机应用都能知道。

第二是金钱的损失。吸费、偷流量都是最常见的安全隐患了。盗窃用户密码后，用社区软件诈骗也常常看到。手机病毒还可以通过拦截用户的个人信息（比如手机银行密码）从而窃取钱财，甚至直接篡改手机银行客户端或是移动证券客户端。在可穿戴设备兴起后，安全问题愈演愈烈，比如可穿戴眼镜，眼睛眨一眨就照相，可穿戴眼镜看着和我们的视野一样的景物，甚至还能全部回传。可以想象，当戴着这种眼镜在输入银行密码的时候，有可能造成金钱的损失。

隐私和钱，都远远比不上生命重要。邬贺铨院士曾在某次大会上举过智能医疗设备中"心跳起搏器"的例子，"心跳起搏器"可以用蓝牙联接，通过手机一直传到医院。可以想象，如果一旦网络被入侵了，就可以控制起搏器让心脏一分钟跳 200 下，甚至一分钟跳 300 下……实际上这些东西都是要命的，而不是要钱的。类似的例子还包括特斯拉汽车被黑客攻击后，车子被远程控制驶上马路，甚至可能造成车祸；智能家居系统被攻破后，黑客可以轻松地修改智能门锁的密码，关闭家庭监控系统，然后实施抢劫和盗窃。

如果再上升到国家层面，让手机安全真正进入全球视野的是斯诺登事件，它告诉我们安全有多重要。斯诺登披露的"棱镜"计划表示从欧洲到拉美，从传统盟友到合作伙伴，从国家元首通话到日常会议记录，美国都能监听，也都在监听。包括谷歌、苹果在内的美国科技巨头先后被证实参与了美国当局的监控活动。这充分说明国家的安全委员会的成立和网信办的成立是多么重要的一件事。在 2014 年 4 月 15 日召开的第一次会议上，习近平总书记提出了"一观一路"，"一观"即总体国家安全观，"一路"即中国特色国家安全道路。

为什么在移动互联网时代，终端的安全变得如此重要？这和我们所处的移动互联网时代有关。

解决制约宽带网络瓶颈的 4G+ 各类业务和服务的云计

算承载平台＋突破了语音和短信的智能终端，我们已进入了移动互联网时代。作为互联网发展的新时代，移动互联网发展不但在量上发展巨大，在质上也改变了社会的方方面面。智能终端已成为生活的一部分，渗透到工作、娱乐，社交等各个领域。智能终端可以打电话、发短信，还能拍照、上网看视频；随着移动电子商务的兴起，支付宝、微信支付、嘀嘀打车、余额宝等应用，培养了大家移动支付的消费习惯，我们还能用手机买东西、理财；还有开始渐入佳境的移动办公、移动政务、移动执法等，这就对安全提出了更高要求。再加上安全意识薄弱，安全终端保护措施不健全等，使移动智能终端相比 PC 终端、功能机的安全风险要多得多，而且危害更大。

延伸阅读

Extended
Reading

那只智能终端的黑天鹅（中）
——如何保证个人终端安全

从使用客户来分，终端可以分为个人终端和企业化终端。如何保证个人使用智能终端的安全呢？可以从以下三个方面入手。

1. 至少通过 3 级安全认证

从 2013 年起，工信部要求对所有在售手机实施 5 级安全认证。即对每款手机进行安全性监测，根据测试结果，对照标准授予手机 1~5 级的安全评级。通常 1 级是最基础的安全防御，要求所有手机产品必须通过；用户常见的吸费、病毒等问题的防御需要 3 级安全认证才能满足。最高的要求是

5 级，适用于对安全需求特别高的人群。比如对于用户很关心的数据彻底删除。通常删除时，仅会删除数据在存储器中放置位置的索引，而区域内实际存储的数据没有完全清空。也就是说如果用非法程序读取该区域的内容，仍有可能从读取到的数据中恢复被删除的私密数据。而通过 5 级安全标准测试的终端则具备"彻底删除功能"，即被删除时在该数据对应的存储区域使用全"0"或全"1"进行多次填充，把该区域内实际存储的数据彻底消除，以保证被删除的用户数据不可再恢复。

一个取巧的选法，中国移动的定制机要求支持3级标准，而在 2014 年 11 月 1 日后的定制机还要求支持 4 级标准。如果还有更高的要求，想要一款通过 5 级测试认证的手机——请相信，厂家一定会把其当作主要卖点，我们很容易就能找到，比如 E1E 本。

2. 充分发挥安全软件的作用

选一款安全软件，是大多数用户保护智能手机安全的第一选择。移动互联网时代，安全不再是垂直行业，已成为企业的基础设施，可以看成是一种标准化能力。

出于对自己推出业务的安全保护，或是将其作为移动互联网的入口，或是要做成生态系统等考虑，各领域都推出了安全软件。可供选择的范围很广，比如互联网企业中的谷歌、360、百度、腾讯的产品，手机厂商中的华为手机管理、乐安全；运营商也推出了相应的产品，比如中国移动的"杀毒先锋"。

用户最常用安全软件来做什么呢？艾媒咨询数据显示，2013 年中国手机用户经常使用的手机安全软件功能是垃圾清理，排第二的是内存、进程清理；仅有 40.3% 的用户经常使用安全软件来做病毒查杀，居于第五。这说明各种应用的安装与运行占据了手机大部分的内存和进程，产生了不少的垃圾，因此内存、进程以及垃圾的清理显得越来越重要。另外，说明安全软件的功能并没有被充分发挥出来。

除了手机垃圾文件清理、手机系统加速、上网流量管理外，一款好的安全软件还可以帮助我们保护个人隐私、保护财产安全。比如检测是否是正版应用，防止山寨软件的恶意扣费；又如用"隐私保护"和"隐私行为监控"功能保护隐私等。

3. 养成好的使用习惯

这是最简单、最有效的方式。在一定程度上，可以说，安全是由我们自己掌握的。常见的好习惯包括：第一，个人私密照片谨慎发布，包括社交应用分享以及上传备份至网络空间等。网络没有删除键，当你发布或上传时，就要做好会被传播的预想。比如有可能会被截屏，有可能网上存储空间供应商的服务器会被黑客攻破，还有你的个人账号密码会被盗取。第二，在装应用的时候，别用计算机直接安装软件，经常用 91 助手、豌豆夹等工具，直接将手机联接到计算机上下载应用程序。这种下载方式往往跳过了权限认证这步。如果是在下载应用后，将应用程序传输至手机再安装，会安全得多。当然还有不要随意下载不明 APP 手机应用，别随意扫描二维码。第三，要警惕不明来历的东西。比如陌生号码的短信，不要轻易打开信息中的链接。近期大规模传播的"蝗虫木马"就是利用短信方式迅速蔓延。还有不明来历的广告，陌生的增加好友信息等。

其他还包括不要连入安全性未知或陌生的 WiFi 网络，关闭位置信息访问权限，只在需要应用程序访问的时候再开启等。终端的安全其实就在这点点滴滴的细节中。

那只智能终端的黑天鹅（下）
——如何保证企业化终端安全

接下来分析如何保障企业化的移动终端安全。

1. 企业终端安全是一个系统工程

首先要明确企业终端安全是一个系统工程，并不仅仅是手中那支手机安全就好了。整个系统至少包括：

（1）对用户和设备的接入进行安全认证。个人用户的手机联哪个网络都是随便的，但如果是企业级的应用，或者企业级的服务器，基本上要进行设备和终端的身份认证。移动终端的身份不明确，操作者真实身份不明确，都存在管理安全的风险。不管是人还是设备，不管是通过互联网还是通过内网，只要进企业，都需要进行有效的身份认证，这是企业安全的最基本要求。

（2）终端设备的安全包括硬件、操作系统、应用的安全。这个领域非常的广泛。从操作系统层面来说，操作系统有一些漏洞，我们需要对漏洞进行修复；从应用来说，有手机杀毒系统和设备安全管理系统，要对应用安全加固，让代码无法篡改。

（3）终端设备的数据保障与备份。都说现在是大数据时代，在对安全要求比较高的政务或商务应用中，数据就特别重要。比如税务的纳税信息里就有纳税人的详细资料；警务的设备中会有公民的详细信息等。随着企业级应用越来越广泛，未来企业级的终端上将有更多的数据。数据的保障、备份是我们不可忽视的。通常的方法包括可以用数据库加密，专网传输数据，调用数据时除了密码还要有其他认证方式等。

2. 为办公而造的 BYOD

当前终端市场非常热的一个细分市场被称为为办公而造的手机。大背景是在移动办公趋势下，越来越多的员工用自己的设备（包括个人电脑、手机、平板等）办公，这种现象被称为 BYOD（Bring Your Own Device）。比如中国移动、兴业银行都是在手机上批转公文。BYOD 在为员工和企业带来方便和提高工作效率的同时，也为企业的安全带来新的挑战。

和普通手机有什么区别呢？本质上可以这么认为，企业要对接入企业网的设备做管控，但员工自己带的设备里有很多的数据要保障。于是需要一个手机既能保护员工个人隐私，又要保障企业的应用安全。这两种并行要求都需要满足。

目前 BYOD 主流方案有三种，分别是应用程序容器、双域和虚拟化。

（1）应用程序容器方案。在操作系统上将应用程序通过容器的方式隔离显示和管理。因为应用程序仍然可以互相访问，安全性较低。好处是实现简单且易于部署，适合对安全性要求不高的一般企业和学校等行业客户。

（2）双域方案。通过软件划分双域，一个用于个人；一个用于企业，企业只管控企业的域。大方向是用两个OS管理。难度介于应用程序容器和虚拟化之间，可以满足大型企业对员工设备管理、员工隐私保护、企业数据安全保护等的需求，这是当前获得操作系统和终端厂商普遍认可的一种方案。

（3）虚拟化方案。从硬件上保证个人与企业数据和应用程序的完全隔离，实现个人与企业操作系统的独立。安全性最高，但实现难度较大，需要定制终端，可以满足军队等高级别的安全需求。据说奥巴马的安全手机也采用了类似的技术方案。

3. 专用移动通信网的应用

一种通过核心节点"物理隔离"部署专用网络，以满足安全需求的方法。主要是将"公众移动通信网"与"专用移动通信网"相结合，通过共享无线接入网，以降低组网成本，是一种更加经济、科学、可持续的安全方案。目前国内基于 TD-LTE 的政务网市场已经启动，北京、天津、南京已陆续开展试点。

根据行业用户与公众用户共享通信网络的程度，分为三种。

（1）独立专网：满足某个行业 / 部门的通信需求而单独建网，其他行业用户和公共用户不能接入，例如公安系统采用的模拟专网、TETRA 制式专网。

（2）共网专网：满足多个行业用户 / 部门通信需要而建设的网络，例如北京政通（TETRA 制式）、上海中卫国脉商业专网（iDEN 制式）、重庆铁通专网（GT800 制式）等，公共用户不能接入。

（3）虚拟专网：依托运营商公众网络为行业用户提供专网服务，例如 PoC over TD-SCDMA 等，通过引入特殊安全机制、特殊性能优化保证应用需求，行业用户和公众用户都可以接入系统。

六 企业管理变革

只有时代的企业，没有成功的企业

1. 格鲁夫的 10 倍速因素

安迪·格鲁夫，这位英特尔公司的前 CEO，也是英特尔的创始人之一，笃信"只有偏执狂才能生存"这句格言。格鲁夫有个"10 倍速因素"理论，他认为所有的企业都根据一套不成文的规则来经营，这些规则有时却会变化——常常是翻天覆地的变化。变化的转折点为该因素在短期内势力增至原来的 10 倍的时候。面临 10 倍速变化的时候要想管理企业简直难于上青天。从前的管理手段无一奏效，管理者失去了对企业的控制，而且不知如何重新控制它。最终，在工业上将达到一个新的平衡。一些企业强盛起来，另外一些衰败下去。不是所有的人都能安全地到达彼岸，那些无法幸存的人将面临与从前迥然不同的生活。

互联网产生了这个变化。

2. 每个企业最大的对手都是这个时代

海尔的张瑞敏先生是我一直很敬佩的一位商业领袖。这位与共和国同龄的 CEO，带领海尔集团这么多年，对互联网有着深刻的思考，并在一个制造业实施。张瑞敏可以算是读书最多的中国企业家之一，每年精读图书近百本。所以从他的演讲中，经常可以听到他引用最近所读书的观点。比如在 2014 年

3 月 9 日，在中国科学院大学中关村教学楼 S101，我有幸现场聆听了张瑞敏先生的演讲，演讲中提到的书就包括《创客》《失控》《决胜移动终端》《体验经济》《轻足迹管理》等。

张瑞敏从 2009 年起演讲的题目一直就是《只有时代的企业，没有成功的企业》。2014 年 6 月 13—14 日在北京举行的沃顿商学院全球论坛上，张瑞敏发表了题为《互联网时代的商业模式创新探索》的演讲，其第一大主题仍是这句"只有时代的企业，没有成功的企业"，可见他对这句话多么的认可。

成功的企业踏上时代的节拍，但时代变迁太快，我们是人，不是神，不可能永远踏上时代的节拍。企业就像冲浪者，今天冲上这个浪尖，明天不可能保证还在浪尖上。所以企业就不能够说我是成功的，必须不断地挑战自我、战胜自我。

张瑞敏经常举的例子包括手机行业中的诺基亚替代摩托罗拉、苹果替代诺基亚，以此来说明跟不上时代就会很快被淘汰。而我们盘点各行业在不同时期领先的企业，也能深刻地感受到这一点。

如汽车行业，1920 年领先的企业是福特；1955 年换成通用；2000 年丰田变霸主；到了互联网时代，特斯拉这家生产和销售电动汽车以及零件的公司成为热门。计算机行业也不例外，1970 年的 IBM 以大型机风靡一时；1980 年，我们在上文中提到的 Wintel 成为个人电脑的主要架构；2010 年后，苹果则占了上风。

所以，其实竞争优势都是一时性的，只是互联网加快了周期速度，使得优势控制时间更短，如果不跟上时代，就会被改变。

传统管理逻辑已被打破

1. 三个经典理论受到挑战

传统的管理逻辑已被打破。200 年来，在亚当·斯密的分工理论上，三位古典管理先驱给我们留下的三个经典理论受到挑战。

首先是弗雷德里克·温斯洛·泰勒的科学化、标准化管理方法。泰勒认为要用科学化、标准化的管理方法代替经验管理，以提高生产效率，于是有了大规模的生产线。而互联网时代，用户开始希望被企业当作个体，而不是整个市场对待，原来的企业大规模制造逐渐转向定制，柔性个性化精益生产将逐步成为主流。

第二个是马克斯·韦伯提出的组织理论。在组织社会学的基础上，韦伯提出了科层制，以层级制、非人格化等为特征来组织企业。而互联网时代是去中心化的，每个人都是中心，没有中心，没有领导，科层制会被改变。

第三个是亨利·法约尔提出的一般管理理论。法约尔从"办公桌前的总经理"出发，提出在企业管理的五大管理职能。而互联网时代，"认知盈余"让全世界的人都可以凭自己的意愿来消费、创造、分享时间和技能，全球资源可用造就了"分布式管理"，全球都可以是企业的资源库。

2. 数据成为决策依据

大数据的本质价值是化数为据，用规律预测未来，辅助决策。这将影响企业怎样做、谁来做的决策文化，企业的决策者从一些高薪人士的直觉和经验，转变为注重事实，让数据做主。这是一个很大的挑战，不在于技术的应用，而在于原有运行惯性要被改变。可以学习的榜样是亚马逊，与其说它是电商，不如说是大数据企业的企业文化——数据导向型。亚马逊通过跟踪用户买了什么、查看什么产品、浏览网站的习惯等，为上架／个性推荐什么样的产品、新商业投资项目是否上马等决策，提供了数据的支撑。

3. 用户来做员工考核

用户已成为商业行为的主宰者。或许以前，企业还有可能利用信息不对称让用户认为自己提供的产品是最好的，以产品为导向；互联网时代，用户获取信息的手段多样，加上微博、微信等自媒体盛行，市场无疑转向用户为导向。员工的奖惩不再以上级的评判为标准，而应该转到用户的满意与否。以海尔为例，在"按约送达，超时免单"的考核中，由用户来评判是否超时，用户点赞还可以受到奖励，用户提出投诉你就有问题。这真正体现了"以用户为中心"。

4. 业务创新重构价值链

在以用户为中心后，企业需要尽力调动、配置所有资源来快速满足用户需求。而用整合内部组织提升运作效率方法后，企业往往通过大数据、物联感知等技术分析优化企业价值链，以追求业务创新，从而带来效率最大化。这实际上用业务创新实现了将价值链带到更高的价值空间。最典型的例子莫如阿里巴巴，将一家电子商务公司生生转成了金融公司、云服务公司。

5. 以用户为中心再造企业

所谓"得屌丝者得天下"，互联网卖的是用户的参与感。商家要从"我有什么你用什么"向"你需要什么我推出什么"的理念转变。让用户越来越多地参与到企业的运营之中，通过与用户高效、个性、精准的互动，告诉企业应该设计什么样的产品，运营什么样的服务，最终使企业的战略、组织、业务围绕用户全面再造。

按张瑞敏先生一直坚持的说法，企业只有两种人：员工和用户（股东只是最终的结果）。要服务好用户，关键在于企业要认识到，让用户成为业务主导。运营商的发展是一个寻求客户满意的过程，而非产品制造过程。互联网化的运营商服务关键在于不仅把互联网作为技术工具，而必须用互联网思维重塑企业战略、运营、产品。

组织追随战略

小艾尔弗雷德·杜邦·钱德勒以研究企业史而著称，开创了企业史（美国人称之为商业史）这一研究领域。他对管理学的贡献也不可或缺。他的《战略与结构》《看得见的手》《规模与范围》描述了大公司的发展历程，非常值得一读。钱德勒认为，企业组织创新变革的过程通常不是主动的，而是适应性的反应。也就是随着外部环境发生了变化，企业战略跟着反应，最后是与战略相适应的组织形式发生改变，即战略决定结构，结构跟随战略。

Web 设计师 Manu Cornet 曾在自己的博客上画了一组美国科技公司的组织结构图。

什么样的组织结构是最合理的？取决于战略目标。

——产品、成本等最基本目标。最佳状态是较为稳定的组织，如传统的制造业。

——追求效率的目标。把组织单元划小，贴近市场。如稻盛和夫在京瓷创造的"阿米巴经营"理念及管理方式。

——不断进行创新的目标。需要一个动态的组织。常见的有互联网公司的项目制。

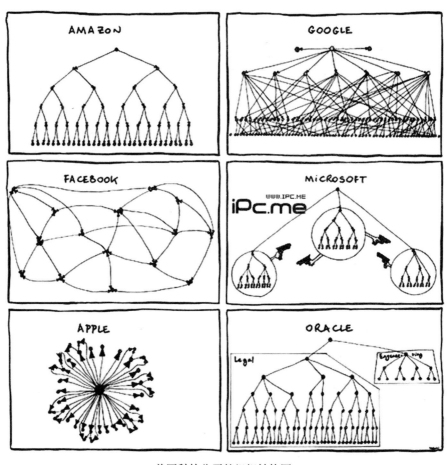

美国科技公司的组织结构图

企业文化

移动互联网快速扩展、全面渗透到各个领域，使得我们的企业发展也将面临新环境、新问题、新挑战，员工的价值取向、行为方式和人际关系都发生了深刻的变化。如何与时俱进，用互联网的思维建设企业文化，引导员工把思想统一到企业发展上来，为企业基业长青发挥软实力的作用，是企业文化建设的新课题和新要求。

1. 时代的文化特征

第一是网络化。

按管理大师德鲁克的说法，互联网最大的影响是消除了距离。网络拉近了世界的距离，甚至是"零"距离。没有企业（人）可以左右用户的知情权，大家可以瞬间知道全球的信息。比如用户要买一部手机，瞬间就能在网上查到最适合自己的价格。4G+ 云计算 + 智能终端 + 各种业务 + 平台，连接了虚拟世界和实体世界。

第二是平台化。

所谓平台，是可以快速配置资源的框架。企业对员工而言不仅是管理者，还是员工的平台，能够创造机会、创造价值的平台。企业对供应商和用户而言不仅是商家，而且是共同迅速个性化满足用户需求、成就供应商的平台。因为所有的资源都能以最快的速度配置，平台已经成为驱动互联网时代前进的原动力。

2. 四个方面建设

第一是让"用户"参与企业文化建设。

谁是企业文化最主要最大的用户呢？毫无疑问，是员工。员工是最了解企业的人，从自己的工作岗位和思考角度出发，能提出许多有益的意见。互联网思维最核心的理念是"用户思维""得用户者得天下"。文化建设并不仅仅是党群部、综合部来做，更需要广泛而创新地让员工自主参与企业文化建设。

这是需要花费心思来设计的，常用的方法包括征文、演讲、座谈、劳动竞赛等形式。当然还可以借助新媒体手段，比如，可以在公司微信公众平台上用手游大赛的形式来做文化理念基础知识的传播；员工可通过手机客户端参与答题，全部答对就进入"大转盘"的闯关抽奖环节；每周再出积分排行榜，激励大家参与。

从传播学的角度说，越是参与的人多，他们越会对结果投入更多关注。只有企业所有员工参与其中并共同认定的文化，才能做到发自内心地相信并接收。才能愿意去实践和传播。这才是真正的文化建设。

第二是"持续迭代"的文化落地方法。

"入脑""入耳""入心"是文化落地的三个要求。常用的手段包括贴标语、背理念、做演讲等。在互联网时代，可以借鉴移动互联网式的传播、沟通方式。比如基于员工使用手机的频繁，可以建立起飞信、微信的企业聊天群，相关管理者可加入与其交流；对不好公开说的不满情绪，可以专设一个匿名箱接收。再辅以线下的活动，必能以疏代堵，形成线上线下并行的多维度、多方位的沟通。还可以利用的方法包括建立微信公众号，通过微信平台发布企业各项活动信息，提高员工主人翁意识，并以积极健康向上的信息引导员工思想，传播正面信息，让员工用积极的心态面对工作和生活。

正如"敏捷开发"是互联网产品开发的典型方法论，文化落地的方法还可以通过对员工参与程度及评价数据的分析，找到最有效的方式。就像 Zynga 游戏公司每周对游戏进行数次更新、小米 MIUI 系统坚持每周迭代一样，文化落地方式可以允许有所不足，但要在持续迭代中完善。

第三是充分发挥非正式组织的作用。

互联网时代，营销体系中官方说法的影响力越来越弱，相同背景、相同消费能力的人群直接营销变得越来越重要。在一个企业中，除了官方组织外，员工因相同兴趣自发形成小圈子，正是交流、抒发自己的感想与情感的非正式组织。在某种意义上，其作用将大于官方的宣传，如果能有意识地使用，将能很好地引导员工提振士气。比如阿里巴巴组建的"阿里十派"（诸如电影派、杀人派、美食派、宠物派、精舞门、足球派等），公司在给予一定支持的同时，委派了被称为"政委"的人与员工共同管理。"政委"的人选通常是既懂业务又代表公司政策、担负价值观宣导职能的人。

正如管理学家巴纳德认为，非正式组织能够提供包括"从事正式组织所不便沟通的意见、资料和信息，通过培养组织成员的服务热诚以及对权威的认同感而维持组织团结，借助于非正式组织的互动关系，避免正式组织控制过多、过滥"等不同的积极作用。

第四是用平台型组织驱动利益机制。

利益在人们的思想形成中起着重要作用。根据马克思的利益理论，利益以人的需要为前提和基础，是人与人之间因对需求对象的依赖而产生的相互关系。所以，马克思说，"人们奋斗所争取的一切都同他们的利益有关"。在经济学中，"利益机制"指以利益为杠杆，调节人们的价值取向和工作状态的机制、功能。当然这里所指的"利益"，包含了物质利益、政治利益、精神利益等在内的"利益"。

传统的做法包括通过对工作表现好的员工采取多种物质鼓励，用表扬、学习培训等精神利益来协调物质利益关系等方式。而互联网时代，可以借鉴"平台思维"更好地驱动利益机制。平台思维就是开放、共享、共赢的思维。企业打造一个内部"平台型组织"，将建设一个适合时代的利益激励机制，把外在的强制变为内在的驱动。如海尔提出"员工创客化"，将 8 万多人分为 2000 个自主经营体，让员工成为真正的"创业者"，让每个人成为自己的 CEO。

营销与服务

1. 方阵出现的新媒体客服

在传统服务模式上，很多企业已开通了微信、微博、QQ 等新媒体客服。除了为顺应移动互联网的发展外，也是解决人员数量相对固定和快速增长业务之间的矛盾的好办法。

以招商银行为例，招商银行的微信平台是一个闭环的呼叫中心系统，简单的问题就由微信机器人做自动应答，对于一些稍微复杂的问题，引导客户到招商银行的手机应用掌上生活或者手机银行办理，再复杂一点的问题，比如需要协商还款、需要查询一些疑问交易、需要转人工，都可以通过微信直接连到网络人工系统，由人工提供服务。搭建了这样的系统，完成了呼叫中心的变革。通过微信平台，招商银行把后台业务的处理系统作为对客户服务的系统，减轻了招商银行客服呼叫中心的压力。尤其值得称道的是，招商银行还从微信拉了一根专线。其出发点基于对一个金融机构来说最为重要的安全性。正如在 2013 移动互联网创新大会——微信 I/O 论坛上招商银行信用卡中心"微客服"平台产品经理范雨在谈到移动互联网安全时所介绍的："我们跟微信之间做点对点连接，不是通过互联网网络接口连接，我们从微信服务器拉了 DDN 专线。招商银行微信系统本身没有暴露在互联网上，这是我们的底线。"

新媒体客服通常以方阵出现，以运营商为例，有类似"中国移动""中国联通公司"账号的订阅号，以发送活动优惠、行业资讯为主；也有诸如"掌上营业厅""手机营业厅"的服务号，可以看作是微营业厅，简单的问题就由微信机器人做自动应答，对于"查流量""查话费""话费充值"等业务也能办理；还有客服 APP。最近中国电信发布了移动互联网的客户服务门户产品——"天翼客服"手机客户端，其运用了智能语音识别、定位等技术，满足用户准确地查询话费、流量、网点的需求。

2. 电商不仅是渠道战略

高昂的渠道成本在很大程度上降低了产品的性价比。对很多企业来说，电商不过是将原来线下的销售搬到线上，当成另一个销售渠道。同时，为了价格稳定方面考虑，企业还通常会用专属电商品牌来分隔线上线下。在淘宝上，经常会有"淘宝专供货"。就算是产品相同，也会用不同的货品型号区隔。

而这远远不是电商的全部。电商能发挥的更大作用是要能在线上聚合用户的需求，反过来影响线下的销售和生产。以手机行业为例，如中国移动自主品牌手机 M811 在线上销售，配置为 5 英寸四核、120 万前置 +800 万后向双摄像头，有黑 / 白两种颜色。在两个月后，超过一半的用户在线上反馈要求有金色，又有 20% 的用户希望前置摄像头至少有 500 万像素。中国移动能否迅速做出积极反应呢？这已不再只是单纯的销售策略调整，而是涉及生产线调整，是否能根据用户的需求，将已有的零部件经过再配置组装后，为单个客户或小批量多品种市场提供定制产品。这甚至是生产方式的调整，线上汇聚的需求能否倒逼生产方式的柔性化，从而使整条供应链围绕着用户全面再造。这种方式被称为"互联网化的精益生产"，将成为未来商业模式的主要代表。

互联网时代，企业的宗旨是怎么创造用户全流程的最佳体验。用户全流程贯穿各渠道、各终端、各媒介以及用户使用产品的各个环节。电商，并不仅仅是一个渠道，而是企业无缝连接全渠道、全终端的消费体验，最大化消费过程的愉悦性的一个有机部分。

3. 好产品胜过好渠道

与原有商业模式不同，互联网时代产品开发模式有了根本不同。首先是产品供应到用户的环节非常短，基本上一开发上线，即可交付用户，渠道的作用被弱化；其次是用户对企业的影响力日渐重要，移动互联网时代可以说人人都是自媒体，用户意见反馈成本非常低，用互联网的方式甚至可以直接收集分析用户行为数据，反馈成本几乎为零且十分便利。可以预见，渠道为王会逐步让位于产品为王。

产品如何能为王？用一种匠人精神打造产品，把产品和服务做到最好，甚至是超越用户预期。运营商一直擅长的是"电信级"质量的产品，比如用12个月做出一个精品或庞然大物，这显然不适合移动互联网。互联网产品要在认准方向的基础上，用最快的速度开发出核心功能，尽快发布。

只有尽快扔到市场中，才能尽快获得用户测试反馈，得到尽快改进空间。例如中国电信翼支付联合民生银行推出的理财产品"添益宝"，在开发出产品后，中国电信迅速在全国内部员工试用，搜集使用意见并改进，在三个月后正式推出市场，再辅以下载即送4G流量的营销政策，迅速获得了二十几万用户。

4. 体验成为服务重点

或许以前，企业还可能利用信息不对称，让用户认为自己提供的产品是最好的，以产品为导向；互联网时代，用户获取信息的手段多样，加上微博、微信等自媒体盛行，市场无疑转向以用户为导向。体验不仅是营销，更是服务。中国移动有"集团业务体验厅"，中国电信推出了"信息生活体验馆"，中国联通连咖啡都搬进了"沃生活馆"。到了4G，体验更是运营商出招的重点。中国移动建设了遍布全国的"4G业务演示厅"，在体验环境中教会用户使用4G。北京电信把AP装上"北京南站－首都机场"的机场巴士，用户可以免费体验4G网络。

5. 十个互联网运营案例

（1）海尔的海立方，一个创新产品孵化平台。海立方结合众筹和预售的方式，整合项目发起者、供应商、分销商、用户，为产业中各个环节上的群体提供沟通交流、资源互动。用户可以与创新产品团队进行互动，一起设计改变生活的创新产品；还可以凭借自己的创意拿到海尔的购买款；海尔可以购买到好创意，生产出更好的产品。

（2）阿里巴巴的协同，协同非协调，是一群人用网络化的方法，自组织地朝一个目标共同努力，而不是由上而下的行政指令，要求大家必须走同一条路。这正是生态化的组织形态所需要的。

（3）淘宝品牌七格格，每月至少推出 100~150 个新款，保证店内不少于500 款。每次要上新款时，七格格会将新款设计图上传到 QQ 群等地，让网友们投票评选并讨论，最终选出大家普遍喜欢的款式进行修改。反复几个回合后再生产。

（4）淘宝品牌韩都衣舍，把公司分割成许多被称为阿米巴的小型组织（稻盛和夫所创，被誉为"京瓷经营成功的两大支柱之一"。），每个都是一个独立的利润中心，按小商店方式独立经营。采用"买手小组"负责制，有 3~5 人，根据小组的毛利润、库存等计算提成。同时通过一个"内部赛马"机制，将运费、首页广告位等所有环节都计入成本核算。

（5）淘玉品牌格男仕，制作小红花，员工表现好的就送几枚。员工拿到小红花，可以送给其他同事抵消犯错，以此培养员工友爱互助的精神；还可以参加抽奖，奖品包括带薪休假一天，公司领导接送上下班，让领导请吃饭等。

（6）阿芙精油的客服 24 小时无休轮流上班，分为"重口味""小清新""疯癫组""淑女组"等风格。送货部门会化装成动漫里的角色送货上门，包裹中的赠品甚至包括"三道杠"、可以收藏也可以送人的"2012"船票等。至尊包邮卡是一个卡状的 4G U 盘，用户还可以花 59.9 元买个终生免邮。阿芙还设有"首席惊喜官"。

（7）四川航空公司在四川成都机场有"免费接送"车。公司一次性订购150 台风行菱智，订购价格远低于市场价，因为航空公司承诺了司机在载客途中会帮风行汽车做广告；司机则来源于找不到公司、又想当出租车司机的人，航空公司以高于市场价把汽车卖给他们（司机），但承诺会为每一个乘客付 25元的车费（类似带租约的商铺）。只要购买五折票价以上的机票，客户就能享受免费市区接送的服务。真是个完美的资源整合的商业模式。

（8）顺丰的"数据中心系统"自主研发，有着多达 2000 多人的团队在开发和运营。当用户拨打客服电话时，订单数据就已开始进入数据库。顺丰工作人员每天都会对快递包裹信息进行实时监控及管理，实现物流、信息流、人流、现金流的无缝对接和快速周转。顺丰认为自己其实是一个大数据公司。

（9）九阳借用口碑营销，3天时间卖了8000台面条机。首先开通一个新浪微博账号@宝贝吃起来，身份是新浪认证的资深育儿专家。通过搜索草根育儿达人，沟通交流辅食食谱和育儿经验，并将"九阳赞助"的面条机送给妈妈们试用。通过达人口碑，实现了4000多万人次的曝光。而成本不过是微博传播的费用＋试用面条机的成本。

（10）360公司的十几条业务线被分成400个小团队，每个小团队都可以直接向周鸿祎和齐向东汇报。在某些企业可能需要好几天的功能决定，在360可能只要10分钟。扁平化管理是快速反应的保障。

传统大企业的互联网化之路

乔布斯说："如果你自己不难为自己，别人就会来难为你。"在互联网企业颠覆着一个又一个行业商业模式的时候，传统企业简直患上了互联网焦虑症，好像不做些向互联网转型的事，就马上会被时代抛弃一样。

传统企业，特别是大体量的传统企业的每一次转型都面临着诸多困难，小动作难以有成效，大动作则有可能决定企业的生死。和相对"轻"的互联网企业竞争，传统大企业好比大象和猴子比上树。在一时难以全面转型为互联网企业的时候，立足自身的优势，打造符合互联网要求的小环境，已成为传统大企业的共识。

——联想集团宣布将成立一家新的基于互联网模式的子公司，完全基于互联网平台打造中国领先的互联网模式的智能终端和服务业务，公司将于2015年4月1日正式运营，拥有独立的公司名称及全新的子品牌。

——中国移动宣布成立新媒体公司，名称为"咪咕文化科技集团公司"。三年将注资104亿，定位为为数字内容领域产品提供、运营、服务一体化的专业子公司，是中移旗下音乐、视频、阅读、游戏、动漫数字内容业务板块的唯一运营实体。

——中国电信对互联网业务实施相应隔离的互联网机制，以易信为例，日常运营以网易为主体，现在用户已过亿，业务的用户总数已经进入业务的前三名。其集团公司副总经理张继平 2014 年在北京举办的第七届移动互联网国际研讨会上说过"对新型业务的领域，实施相应隔离的互联网机制"。

——海尔，在互联网转型中，运用阿米巴理论创造出"人单合一双赢理论"，将组织划小，人是员工，单是用户资源，把每个员工和他的用户资源连在一起。员工拥有三权：决策权、用人权、分配权（薪酬权）。员工在一定范围内可以自己找到用户，也可以创业。组织甚至帮助他们找风投。

同时，较之互联网企业，传统大企业有着自己的优势。

时光机与眼界。孙正义先生一直以眼光长远独到闻名。比如十四年前，在当时名不见经传的阿里巴巴身上投下了 2000 万美元的赌注，现在暴涨到了大约 580 亿美元。孙正义先生有个"时光机理论"，全球不同国家所处的 IT 行业发展阶段是不同的，所以将发达国家的经验放在还不成熟的国家中发展业务，就仿佛坐上了时间机，回到几年前，自然事半功倍。对华为、苏宁等传统大企业来说，这么多年来，与遍布世界的先进企业的频频交流，拓宽了眼界，非一般企业可比。

低门槛与规模。互联网的一个特色是入门容易，做好难。另一个规律是赢家通吃，例子如金融业的余额宝、杀毒界的 360。传统大企业的规模优势一定程度上是可以带到互联网竞争中的。如苏宁近 2000 家的线下实体店可以引流到线上，O2O 模式本来就线上线下的互相流通。又以中国移动咪咕公司的体量来看：咪咕音乐单月销售量超过 1 亿次；和阅读单月访问用户量超过 1 亿，还是颇有高度集中的客户规模优势！

价值观与速度。在成立微信事业群的邮件中，张小龙重点阐述了七大核心理念和价值观，其中一条是"保持我们自身的价值观：如果认为用户不能被骚扰，就不会在产品中做出骚扰用户的行为"。如中国电信的"用户至上"，保持自身的价值观，也许没有那么快的增长率，但从长远看，是符合互联网"用户为中心"的核心思维的。

对于传统大企业来说，在船大难调头的时候，隔出一片区域来折腾，不失为企业转型的一个好办法。至于进入的时机，就像当年人人都觉得新浪微博已不可追赶时，最终出现了微信，又焉知，诸如咪咕、易信不会创造出一个新的时代呢？

互联网，本身就是一个颠覆，一个奇迹。

中国移动总裁李跃
在"第十二届中国企业发展高层论坛"上的演讲

2014 年 1 月 25 日，在由国务院发展研究中心企业研究所与中国移动通信集团公司联合举办的"第十二届中国企业发展高层论坛"上，李跃作为论坛联席主席在开幕式上发表致辞。他表示在 2014 年，4G 在拉动社会消费增长的同时，也开创了移动互联网的新时代；2014 年是 4G 之年，也是移动互联网之年；运营商、金融业、服务业，甚至工业企业都将面临挑战，中国移动"希望能够和各个企业一道，借助伟大的移动互联网时代，让我们的事业更成功，让我们的生活更美好"。要点整理如下。

1. 2013 年影响巨大的三件大事

一是三中全会做出的全面深化改革的决定；二是 2013 年 8 月份国务院发布了关于促进信息消费的决定；三是 2013 年年底，国家发放 4G 牌照。

2. 4G 能带来什么？

一是拉动了投资和消费。仅仅中国移动，4G 投资（50 万个基站）、4G 终端销售（2 亿台的终端，其中 4G 终端 1 亿台）、4G 业务销售累计预计能够拉动全社会的投资和消费近 1 万亿元。二是开创了移动互联网的新时代，移动互联网时代随着 4G 已经到来。

3. 移动互联网由三个重要要素组成

一是无线宽带，必须有足够的带宽；二是智能手机，没有智能手机，靠家庭电脑、传统手机，形不成移动互联网的时代。三是基于云计算的大数据平台。

4. 几个移动互联网的具体案例

一是打车。一个打车软件，你只要发出打车需求，就有司机来响应。二是代驾，发出一个代驾的需求，马上有司机跟你联系。三是位置服务，打 12585，就知道到这个地方怎么走。四是做了手术以后的康复病人，戴上传感器，可以在院外护理，不用住院。

5. 移动互联网的特性以及业务形态

移动互联网有三个特征：开放性、互动性、大数据特性。今后的业务都将是基于云计算的大数据平台、基于客户端的智能手机的客户端产品，应用形态就是平台加客户端。

6. 移动互联网对各行各业都是机遇和挑战

运营商、金融业、服务业，甚至工业企业都将面临着挑战，运营商的手机短信业务、彩信业务、话音业务都大规模下滑，互联网金融也使金融企业受到了各种挑战。既然不可能回避，不可能躲开，只有迎接挑战，顺应变化。

7. 几个数据

一是中国移动 2014 年要开通 50 万个 4G 基站，是到目前统计全球总数的 60% 以上，标志着中国的 4G 将成为全球最领先的 4G 网络。二是辽宁位置基地为交通运输企业提供服务，给 300 个运输公司提供位置服务，结果是平均节省能源 20%~30%，平均效率提升 30% 以上。三是如果一个人周边有 10 个传感器围绕着你，这 10 个传感器需要联网的话，全中国就有 100 亿的物联网的连接，它将比今天的移动用户又有十几倍的增长。

张小龙在微信公开课上的演讲

2014 年 12 月 11 日，微信官方公开课年度收官之作——"微信公开课 Pro 版"在北京举行，本次活动的主题为"微信·思维·智慧"。腾讯公司高级执行副总裁张小龙在开场的视频连线发表了题《微信公众平台的八大法则》的演讲。要点整理如下。

（1）微信公众平台的口号是"再小的个体也有自己的品牌"，这是当初设计公众平台的目标。

（2）鼓励有价值的服务。鼓励原创的、优秀的文章能够出现在公众平台里，这是一种对用户非常有价值的服务。

（3）限制对用户没有价值的内容。平台会采取一些比较严格的措施来控制。这些内容包括各种诱导类的，一些版权问题或者一些 H5 的游戏等。

（4）互联网带动人们跨越地理的限制交流，特别是移动互联网让所有的人都能够加入一种跨越时空的交流中。公众平台希望能够帮助人们消除地理的限制。

（5）希望商家能够通过公众平台直接提供服务，鼓励商家和消费者能够在公众平台里面直接对话，消除中介。

（6）微信公众平台不提供一个中心化的流量入口来给所有的公众平台方、第三方，而是鼓励第三方去中心化地组织自己的客户。

（7）要和第三方跟平台一起来共同建造一个系统，而不是自己做好了一个完整的系统。因此系统应该是一个动态自我完善的系统，而不是一个僵死的系统，甚至整个系统也是和第三方一起定义出来的。

（8）不断地发掘社交流量场景，并且把它提供给平台的用户，诸如微信红包、微信游戏、运动类的手环等。

（9）用户价值永远第一。

（10）平台里很多阅读量来自于朋友圈，这是符合 2/8 原理的：20% 的用户到订阅号里面去挑选内容，然后 80% 的用户在朋友圈里去阅读这些内容。

延伸阅读

Extended
Reading

用互联网思维提升终端质量

江湖上有营销高手，也有做产品的高手，而真正重视营销的人往往在乎质量。因为没有好的质量，营销只是一次传播；有好的质量，才有可能长久获利。

对手机终端来说，什么是好质量？按中国移动所发布的标准，终端质量有"六大维度"：通信（基础通信过关、信号好、稳定）、应用（业务应用丰富、软件功能好用）、软件（运行流畅、不死机、不发烫）、硬件（结实摔不坏、通话清晰）、外场（网络兼容性好、不掉话）、体验（用户体验好、外观设计好）。总之一句话，要保障用户端到端的最佳体验。

提升终端质量，有很多方法，比如提高测试效率、扩展测试规模、加人加钱加设备等，都是很好的"技术"处理方法。然而更有效的措施应该是模式的创新改变。套用当年马云的一句话，就像在机枪面前，太极拳、少林拳是没有区别的，一枪就把你崩了。只有模式创新了，才能真正用更好的方法提升终端质量。

互联网思维是模式创新的最佳方式。互联网的一切优势最终都将带来效率优势。提高终端产业链的工作效率，就能降低整个产业的质量管理成本，从而提高整个产业的发展速度。具体可应用以下要素。

1. 用户最大限度的参与

《精益创业》中说，"如果我们不知道谁是顾客，我们也不知道什么是质量。"这句话真是一针见血。在实验室里测出来的"质量指标"，未必能代表用户真正需要的"终端质量"。

用户的需求通常很难被准确描述。尤其是当互联网已经深入到我们生活的方方面面的时候，对这个未知的市场，用户需求很难通过几个月的用户调研、市场调查、产品规划就掌握清楚。比如腾讯重点规划的搜索、电商等产品，并未达到预期目标；而恰恰不在战略规划内的微信，本是张小龙为应对邮箱竞争，借鉴米聊、KIK 打造的一款产品，却无心插柳柳成荫。也许，在移动互联网时代，用户本身并不明白自己的需求，只有在实际使用过程中明了。

用户怎样才能最大限度地参与？设计、制造是终端行业的两大要素。小米抓住的就是设计这一要素，在研发中让用户深度参与，小米官方号称目前有十万人参加开发。这至少达到了两个效果，一个是明确了用户需求，按需定制，满足用户的个性化需求；另一个是在用户的参与中去优化产品。

2. 柔性生产

"天下武功，唯快不破"，快速地对用户需求作出反应，产品才更容易满足用户需求。在软件质量保障上，各厂商都在不断"敏捷开发，迭代更新"，比如小米把不断根据用户反馈更新迭代的 MIUI 看成核心；华为 Emotion UI 通常以两周一次的频率进行迭代更新。针对用户需求的历次更新和产品迭代满足了用户日益增长的体验需求。

对于终端硬件来说，关键在于及时乃至实时关注用户需求，把握需求，满足需求。如果某款手机在销售时，销售人员反映信号接收出了问题，厂商多久能作出反应呢？这已不再是单纯的促销政策调整的问题了，而是有可能涉及零件更换、生产方式调整等。厂商能否根据市场的反馈，重新购置零部件再配置组装后推向市场？厂商应该学会将汇聚进行反馈，倒逼生产方式的柔性化，从而使整条供应链围绕终端质量进行全面再造。

3. 从串联到并联

"串联"指的是终端各环节一环紧扣一环，要按顺序来；而改为"并联"后，有些项目就可以同步进行。以运营商定制入库流程为例，过去定制终端入库的流程是串联的，运营商通过需求研究及产业发展分析做产品策划、制定产品白皮书、发布产品要求，厂商根据要求规划产品、生产样品、产品送测、测试通过入库等。而近期中国移动和三星一起组建的"中国移动—三星电子终端测试联合实验室"则把串联流程变成并联，在这种新的模式下，所有各方是并联在一起的。中国移动与厂商在规划产品阶段即可形成良好的沟通，双方联合规划；厂商在生产样品的流水线中，可适时在实验中做入库要求的相关测试，对测试不能通过的性能马上进行修正。扁平化的机制，将真正提升测试效率。

4. 轻足迹管理

《轻足迹管理：变革时代中的领导力》一书指出，轻足迹这个源自美国军队的管理模式通过灵活合作实现按需扩张，将比收购带给公司的负担要低很多。在终端质量保障上，不是所有的事都要企业自己来完成。比如资产的轻管理，除了自己企业投入的终端保障设备外，也可以通过协同拉动产业链共同合作投入。又如员工的轻管理，从事终端保障员工的定义可以改了，不再局限于本企业在册员工，相关人员都可以无障碍进入本企业终端质量平台，只要能够满足用户质量需求，都是企业的员工资源。再如终端质量难题的解决，可以发动终端质量平台上所有的员工、测试伙伴、用户，充分调动他们的积极性，共同解决问题。以创立于 2001 年的 InnoCentive 网站（为化学和生物领域的重要研发供求网络平台）为例，引入"创新中心"模式，使研发能力提高了 60%。总之，多设"客卿"，善用"外脑"，则可"无往而不胜"。

读书笔记

Reading
Notes

刘润的《传统企业，互联网在踢门》

刘润，前微软战略合作总监，现在是润米咨询董事长，专注于研究传统企业互联网化转型。他认为 2013 年是传统行业互联网化的元年，这成为中国商业史上的分水岭。这本书首次提出"互联网加减法"，把向互联网转型的事说得十分清楚。

1. 有"互联网加"和"互联网减"两个概念。所谓的"互联网减"是指互联网公司想方设法减去不必要的环节，并且提高信息流、资金流和效率环节。当环节减少时，企业可以和用户有更近距离的沟通，让用户的需求可以直接进入产品设计环节，这即为"互联网加"。

2. 二向箔的"降维打击"。来源于著名的科幻小说《三体》。二向箔，与三维空间接触的瞬间，使三维空间的一个维度蜷缩到微观，使三维空间及其中所有物质跌落到二维，如把一个人变成贴在墙上的照片。

3. 互联网对商业的降维打法即本书中说的互联网减法。

2013 年有三次"降维打击"：（1）阿里巴巴对金融界的余额宝；（2）小米对电视产业的小米电视；（3）京东对零售业的减法。

4. 企业竞争在地段、流量、时间三方面升级。（1）传统经济的商业距离是地段。因为好的地段可以在同一时间段聚集更多的潜在客户，用见面的方式提供更加丰富的信息，提供更高的沟通效率。地段为王。（2）PC 互联网的商业距离是流量。收集流量、分发流量是一门大生意，解决商家与用户的距离，中国最知名的三家公司是百度、阿里巴巴和腾讯。（3）移动互联网的商业距离是时间。这是在随时在线成为现实之后，人们所关注的流量的宽度。社会正在以越来越快的速度向前发展，我们必须学会适应快速生存法则，流量已经达到了光速。可穿戴设备时代正在到来，进一步偷走用户时间。

5. 消灭一切基于信息不对称的商业模型。几个例子，一次消灭信息不对称的有携程、淘宝、美团，二次消灭信息不对称的有去哪儿、一淘、360 团购。一切基于信息不对称的商业模式，或是被信息不对称所制约的商业模式，都将成为传统的商业模式。

6. 生命的价值模型：创造价值 + 传递价值 = 用户价值。所谓的互联网化，就是再造三大价值。

7. 传递价值。主要包括信息流、资金流、物流。（1）首先是传统的信息中介，比如传统媒体，以及依赖于传统媒体的衍生行业，比如传统的广告传统公关。传统媒体之后是零售业，比如沃尔玛、苏宁，一切基于信息不对称的行业都将被互联网打击。（2）资金流。首先是存贷业务被阿里巴巴的余额宝打击。信用卡业务则有拉卡拉等第三方支付，还有淘宝手机端的淘点点。线下网点会从优势变为包袱，跨界的万科社区金融将是另一个挑战。（3）关于物流。当支付宝的交易人占中国零售份额的 50% 的时候，也就意味着中国物流相当一部分会由支付宝驱动，马云有了前瞻性的菜鸟。根据天猫数据，可以精确选取主要物流节点，选址开天猫实体店。（4）一切基于信息不对称的环节会被逐渐颠覆或者边缘化。

8. 创造价值。互联网将真正进军传统产业，重构商业的源头创造价值。（1）制造业。设计、制造是制造业创造价值的两大要素。小米抓住的就是设计这一要素，而且是用户参与设计。（2）将来购买可以发生在生产前，也就是定制化，反向购买；第三方付费模式会进一步地重构价值链，这也是为什么互联网厂商能够生产出 2999 元的超大屏幕电视；品牌会被重构，从信息不对称的信任转变为基于用户参与的情感。

9. 用户价值。（1）生产力不足导致产品为王，传递价值短缺，进入渠道为王，互联网时代，用户价值最重要。（2）用户需求分为三个层次，功能，体验，个性。（3）相约本质就是为用户创造价值，最终满足个性用户的个性需求，是这个互联网化的终极目标。这将依托于互联网对创造价值环节的改造。

10. 传统企业互联网化的三大商业模式。（1）O2O。线上到线下，线下到线上，只要产业链中既可涉及线下，又可涉及线上，就通称为 O2O。前者如团购网，后者如苏宁。从流量思维的角度看就是用流量补贴地段。对传统企业来说，反向 O2O 更有意义，关键在让线下获取一次相同客单价的购买成本，与线上接近。（2）C2B。先有消费者需求产生，后有企业生产。从互联网化角度看实际上是消除了中间传递价值环节不必要的损耗，提升了沟通效率后，用户地位的真正彰显。比如嘀嘀打车是站在打车人的角度看这个世界。（3）P2P。远古时代，物与物的交换，交易媒介的发展，是借钱或交易需要一般等价物。去媒化后，会导致 P2P，如成立于 2006 年的拍拍贷。

11. 互联网的一切优势，最终都是效率优势。互联网最大的影响是消除距离，并消灭一切基于信息不对称的行业，当信息最终有一天接近完美对称的时候，低效率的商业模式都会被取代。组织效率就是市场化效率，典型案例是互联网金融。所有传统企业都应从技术、组织、市场化的角度思考怎样提升自身的效率。

12. 传统企业三级跳。第一是从苦练电商、社会化传播等互联网方法提高效率。第二是抢夺用户时间。第三是要创造新的价值，也就是颠覆价值主张。新的价值主张来源之一是大数据分析。

七 个人的转型

马匹曾在农业生产中扮演过重要的角色，可一旦出现了拖拉机，马匹就日趋减少，最后彻底消失。人类如今是生产里最重要的因素，但这个角色，注定会像马匹一样走向没落。

——列昂季耶夫

百年前，凯恩斯曾经提到"技术性失业"一词，感叹人类用聪明才智发明的这些技术结果反过来会导致我们的失业。互联网时代是物资极大丰富的时代，只是人是不是也会最终被剩余？

无法置身事外的危机

1. 消失的岗位

假若每一个无生命工具都能够按照人的意志或命令而自动地工作，例如每一个梭子都能不假手于人力而自动地织布，只有在这样的情境之下，匠师才用不到从属，奴隶主（家主）才可放弃奴隶。

——亚里士多德

技术发展、时代更替使职业发生巨大变化，历史上曾经发生过多次，如 200
年前的蒸汽机，100 年前的电力，同样的现象在互联网时代发生了。不同的是，
诸如摩尔定律（当价格不变时，集成电路上可容纳的晶体管数目约每隔 18 个月
便会增加一倍，性能也将提升一倍）或是荷塘效应（假设第一天，池塘里有一片
荷叶，一天后新长出两片，可能一直到第 47 天，我们也只看到池塘里依然只有
不到四分之一的地方长有荷叶，而到第 48 天荷叶就掩盖了半个池塘，又过了仅
仅一天，荷叶就掩盖了整个池塘）都告诉我们，互联网时代所特有的速度发展带
来的瞬间爆发，其影响力将让人瞠目结舌，职业的变化速度更快，范围更广。

——原先掌握的技能实现了自动化，如无人驾驶汽车；

——创造新的职业并替代旧岗位，如淘宝小二对于商场的传统售货员；

——更高要求的工作技能，大学老师要知道怎么制作慕课；

——职业的竞争范围是全世界，比如海尔面向全世界征集解决方案。

蓝领固然正在被机器人取代，而认为是白领的精英，也不可能置身事外。
正如《和机器赛跑》一书中所说："IT 相关的技术创新，将会改变制造、物流、
零售、媒体、金融、法律、医药、研发、管理、市场营销以及每一个经济部门
和商业功能。"2013 年，仅全球最大的 29 家银行就裁员 16 万人。英国伦敦政
治经济学院理查德·桑内特教授的预言则是大约 28% 的工作岗位存在消失的
危险，在金融服务业、房地产业、保险业等，这些岗位将在 5 年之内被计算机
所取代。

这一场互联网带来的职业冲击，对象是每个行业、每个工作岗位。

2. 互联网大公司不再需要那么多人

无论中外，为社会劳动力提供就业机会，是通常意义上认为企业应该承
担的社会责任。比如 60 年代的通用汽车，为美国本土提供的就业人数就超
过 60 万。

互联网时代不缺大公司，就全球的数据看，像 IinkedIn 这样的市值 9 亿美
元的公司，只需要 3458 名员工；而 Twitter（美国微博），只有 900 个员工而
已（2012 年数据）。

Facebook 的创始人、主席兼首席执行官马克·扎克伯格在 2014 年 10 月
第四次访问中国，成为清华大学经管学院顾问委员会委员，在清华大学经济管
理学院以全程中文演讲以示对中国的重视，提到 Facebook 在华招聘了 20 位中

国学生！是的，是 20 人，这是目前市值已达 2167.83 亿美元（截至 2014 年 11 月 28 日）的一个大公司在中国提供的就业机会。

Company	2012 Repoeted Revenues	Employees	Revenue Per Empoloyee
Facebook	$ 5,089,000,000	4,619	$ 1,101,753
Zynga	$ 1,281,267,000	2,916	$ 439,391
Twitter	$ 350,000,000	900	$ 388,388
Automattic(WordPress)	$ 45,000,000	150	$ 300,300
LinkedIn	$ 972,309,000	3,458	$ 281,176
Groupon	$ 2,330,000,000	10,000	$ 233,000
LivingSocial	$ 536,000,000	4,500	$ 119,111
Yelp	$ 137,600 ,000	1,214	$ 113,344
Tumblr	$ 13,000,000	151	$ 86,092
Foursquare	$ 2,000,000	100	$ 20,000

2012 年各大互联网公司经营数据

中国的互联网公司情况是一样的。2014 年 9 月 19 日晚，阿里巴巴正式在纽交所挂牌交易，股票代码 BABA，股票当天开盘价为 92.7 美元，在交易中总共筹集到了 250 亿美元资金，创下了有史以来规模最大的一桩 IPO 交易。在"双十一"后，市值超过 3000 亿美元，直接的员工数不过是 20400 人。

互联网时代的大公司，是轻公司。资产轻，人员少。说直白点，就算公司规模比传统企业更大，所需要的员工也不过是原来的零头而已。

3. 传统职业逻辑的瓦解

只要工作努力、运气不差，我们似乎基本都能这样渡过职业生涯：

——大学毕业，进入某家大公司，接受专业培训；

——随着技能增加、工作经验积累，慢慢升职（当然在一些单位，凭着资历的积累，熬着熬着，也会轮到自己升职）；

——每上一级，都会带来更多的收入、更多的权力；

——在 60 岁左右退休，拿着退休金，过上舒适安逸的退休生活。

现在呢？

——初入职场的新人，不再有专业的技能培训，很多单位已经取消了所

谓的"新员工培训",希望新人一入职就能够上手工作,或是很快熟悉工作流程;

——人过中年,晋升遥遥无期,甚至面临失业的风险,没有所谓的安稳、稳定的工作;

——职场的每一个层级都挤满人,我们要和全世界,甚至是机器人竞争某个岗位;

——单位和员工之间不再有终身聘用的长期协议;

——想通过学习新技术、新技能,胜任于新的工作需求,都得依靠自我培训和自我投资。

你可以在一个岗位上工作 30 年,直到你 50 岁的时候,突然间你被一台计算机替代。你甚至会在 30 岁就被计算机取代了。

——罗伯特·希勒(2013 年诺贝尔经济学奖获得者)

被吓到了吗?当然我们也不必过于悲观。在《淮南子·人间训》中,那位精通术数的边塞老人留下了"塞翁失马,焉知非福"的故事,还有毛主席经常爱说的那句话:"一切事物都是可以一分为二的"。新技术、新时代一定同时在提供新岗位、新职业。

危,或机,取决于我们是否具备与互联网时代相匹配的调整能力。

4. 重要的是你有选择的能力

多元化价值的时代,除了冲击商业模式外,另一个热潮是人才流动。以中国通信业为例,虚拟运营商牌照的发放引来通信行业更具市场化的人才流动。虚拟运营商迫切需要有电信运营经验,能更好对接运营商网络、计费、营销各层面的人才。如中国联通市场营销部原总经理周友盟以年薪 300 万加盟渠道服务商爱施德,负责虚拟运营业务。

一时之间,有在权衡思虑去留的,有寄语不要急于跳槽转售企业的,有认为要抓住时机,赶快入行的。

亦有人问我的意见。我觉得就像一个女子,平时努力工作,但如果有一天,她不想再上班了,她必须要有条件、有能力照顾好自己。对大多数运营商员工来说,重要的不是要不要跳槽到虚拟运营商,而是你有这个选择的权利吗?你的技能是否已经落伍了?你有和市场匹配的能力吗?

对于我们每一个人,都不妨定期做个辞职测试吧,去对照应聘其他公司的岗位，看自己是否有市场竞争力？如果没有，你需要在哪方面补上这一课？这和忠诚度无关，很多人仍留在原处，是忠诚，还是离不开？我相信企业要的是既忠诚又有能力的人。

人生总是面临无数的选择，这条路或是那条路，是或否，这需要坚持自己的价值观，需要对自我的清醒认识，需要能力、技能的底气，还要安然接纳随之来的后果。

选择什么并不重要，重要的是你一直有选择的能力。

创业者精神

1. 创业者的两个特点

互联网协会的前任会长胡启恒院士在接受采访时，曾经用"互联网其实是充满了理想主义浪漫的"来形容互联网，张朝阳把其诠释为"互联网的浪漫性主要是任何人在没有任何资源的情况下都可以创办一个公司，并且这个公司不是在开餐馆、办银行或其他传统行业，而是一个新的技术产生一种新的沟通方式"。

要适应这个时代，我们人人都需要做一个创业者。不是让每个人都去开公司，而是要具备创业者精神，如同创业者一样地想问题、做事情，以创业者的眼光来作出日常判断。

作为创业者，有三个显著特点：一是敢冒风险。世上万事通常都如逆水行舟，不进则退。如果我们所有目标只是降低风险，减少出错，不仅不会得到发展，还会因为"守"而为时代所抛弃。二是及时转型。典型的例子是苹果，在2012 年 5 月《纽约时报杂志》的《百万小生成熟记》中，作者享利·布罗格特说苹果三分之二的资产都来源于 2007 年以后的产品。苹果的成功来源于不断探索、不断创新和创业精神。三是总是寻求更好的方法。企业在转型中流行说"去某某化"，比如中国电信的"去电信化"。美国经济学家道格拉斯·诺思提出"路径依赖"，并由此获得了 1993 年的诺贝尔奖。"去某某化"就是摆脱要"路径依赖",破除过去赖以成功的所有要素,积极探索更好的方法。

2. 主动迎向变革的前沿

猪要飞起来,关键在站对风口(当然你最好在风停下来之前,长出翅膀)。

我们已经下定决心,要开始像企业者一样思考,并行动。那么问题来了,应该从哪里开始?哪里是我们的突破口?

科技业的经验从来是主动迎向时代变革的前沿,而不是后方,从变革前沿寻找并创造突破口。我们无须担心专业、技能、资格等问题。想一想创业者在初创业时的样子,缺资金、市场不明、竞争激烈、对未来的种种不确定性,和我们现在的情况是一样的。互联网已经拉低行业的门槛,人人都容易进入。关键在于,我们要身在现场,身在现场就有了资格和权力。当我们离得足够近,我们就会足够快。

3. 硅谷新的职业

(1)数码先知(Digital Prophet):美国在线 AOL 设立,主管公司的线上推广策略。

(2)绝地零售武士(Retail Jedi):肯沃基公司设立,对象是零售部入门员工。据说来源于《星球大战》。

(3)瑞士军刀(Swiss Army Knife):湾区软件公司 BitCore 设立,对象是一些跨部门帮忙的全能型选手。

(4)梦想炼金师(Dream Alchemist):创业型企业 Kyoger 和 QuickStep 设立,类似于"创意总监"或者"设计主管"。

(5)直效营销半仙(Direct Marketing Demi-God):营销顾问公司 Vistage International 设立,主要负责直效营销策略。

(6)Kindle 福音布道者(Kindle Book Evangelist):Amazon 设立。

(7)快乐英雄(Happiness Hero):社交媒体 APP 创业团队 Buffer,职责是和他们的用户进行一对一的交流。

(8)灯泡时光巫师(Wizard of Light Bulb Moments):管理顾问公司 TomEvans 设立,主要职责是设计执行流程。

(9)时尚福音布道者(Fashion Evangelist):博客平台 Tumblr 设立,职责是帮助对时尚毫无概念的博主们建立更好的个人品牌。

职业计划的迭代

1. 曾经那个叫"剥洋葱"的方法

还记得以前是怎么做职业生涯规划的吗？我们会确定一个核心价值观，设写一个长期目标，然后据此再设定 3~5 年的目标，然后对照现在的情况，补上该有的技能、岗位经验。我们把这种方法，叫"剥洋葱"方法。

2. 像创业者一样做职业规划

互联网的高速变化让我们无法再向着一个固定的职业目标做几十年的努力。看看一个创业者是怎么待创业的。

目前收集并分享照片的网站中人气最旺的 Flickr 的创始人卡泰丽娜·费克和斯图尔特·巴特菲尔德最初的创业目标是网络游戏。他们在 2002 年推出首发产品，一款叫"永无尽头"（Nerverending）的多玩家网络游戏。照片分享功能则在 2004 年才加入这款游戏，受到玩家热烈欢迎，知名度甚至超过了游戏本身。于

"剥洋葱"职业规划法

是公司背离了既定的长期规划，不再继续开发游戏，将重心投入到照片分享功能。在 2005 年，Flickr 被雅虎收购。

这就是互联网创业的方式：创始人在起初多个方面进行不断尝试，寻找到能走得通的那条路，根据情况适时地调整计划，最终到达目的地。

想想《精益创业》里教给我们的创业理念："先在市场中投入一个极简的原型产品，然后通过不断的学习和有价值的用户反馈，对产品进行快速迭代优化，以期适应市场。"职业规划也是一样的。我们应该根据环境的变化，不断找到新机会，不断修正。

3. 如何借助互联网自学

互联网让我们获得知识、接受教育的成本空前低。我们可以通过无数

种方式来了解自己想要了解的一切东西。无论身在何处，只要能连接互联网、网易公开课、新浪公开课等网络视频教学平台都能听到国内外名校公开课，涉及学科广泛。甚至如果我们还能利用中国大学 MOOC（慕课），可以学习中国最好的大学课程，学完还能获得名校的认证书，而且这一切都是免费的。

对于需要掌握技能类的学习资源，互联网也降低了成本。比如在网易云课堂可以以 99 元的价钱学习到秋叶、萧秋水关于微信微博的课程，而比之动辄万元的公开课价钱，十分物美价廉。

有人曾在知乎上发起过这个问题，要怎样充分借助互联网自学？在 62 条答案里，有一位叫程浩的用户认为应该有四个步骤（原文地址如下：http://www.zhihu.com/question/21107510）。

一是制订计划，设立目标。计划分为长期计划和短期计划。目标包括在这个领域要达到什么样的水平，要阅读这个领域的哪些书籍，掌握哪些知识，将来要用在何处，衡量学习质量的标准等。把目标细化到短期，最后画一张每日工作表。

二是记录分析，定期调整。这是一个学习记录表，每天记录和观察自学过程中的一切变化。重点在时间和内容上。可以参考番茄工作法的记录表。分析记录表，坚持学习效果好的，改进学习效果差的。目的是要让时间的价值最大化。

三是收获总结，定向输出。读过一本书一定要写读书笔记，学到的知识要写出一篇总结性的文章。笔记的价值并不在于内容，而是要把书中的知识和个人的理解融会贯通，最终形成自己的想法和思路。写作是一个思维整理与归纳的过程。

四是自我经营，时间盈利。自学的本质就是管理自己，掌控自己，驾驭自己，最后得到时间价值的最大化。这会影响一个人的言行举止、生活习惯，决定一个人的性格与命运。

光学习是不够的

1. 红皇后效应

在《爱丽丝梦游仙境》里，有一位地下世界的统治者"红皇后"，她是一位有着大脑袋的暴君，动辄就要砍掉人们的脑袋。她有句名言——"你要一直拼命地跑，才能保持在同一个位置。如果想到别的地方，至少要跑得比现在快两倍才行。"真是一句可怕的话。这也是为什么我们每天都觉得自己在看书、在学习、

《爱丽丝梦游仙境》里的"红皇后"

在努力，却还是觉得难以胜出的原因。全球化的时代，我们的竞争范围扩大，全世界的优秀人才都在拼命，水准越发得高。这就是管理学界所说的"红皇后效应"。

互联网让进入一个行业越来越容易。比如要开店，上阿里巴巴就可以了；要当作家，打开计算机开始写就可以分享。行业门槛降低，意味着太多人容易进入其中，更意味着做"好"将越来越难，因为"好"的标准提高了。

光学习是不够的，要"不断加码创新，比进步更进步"。

2. 追求价值而不是地位

工业社会给我们划定了一个社会金字塔，职位是有三六九等的。比如工程师好像就比摆路边摊的高档，处长比科长厉害，一个大学生比一个小学生强。然而互联网是个去中心化的时代。有可能你所在的某个层级被断层；还有可能当你试图慢慢往上走时，那个更高处已经消失了，比如律师、记者。

海尔的张瑞敏在 2014 年 11 月 17 日会见"亚洲管理大师"野中郁次郎时提到："让用户开工资而不是企业开工资。"也就是薪酬不再是根据在组织中的位阶来定的，而是要根据一个人能够给顾客创造多少价值来定薪酬。

对应的，我们发现互联网产品通常不追求大而全，而是抓住用户某个价值

点（或者你也可称为痛点），针对性地做出定位。连包子（甘其食）、煎饼（黄太吉）、牛肉面（雕爷）、情趣用品（马佳佳）都可以成为创业好项目。

所以，抛开传统的层级尊卑之想，和你的伙伴进行思想碰撞，寻求并开展有趣的、能给身边的人带来价值的项目吧。比如把青菜送到家门口？

打造新的职业身份

1．在每项工作中不可或缺

高汀在《紫牛：从默默无闻到与众不同》一书中说，"仅仅跟业内其他人的能力差不多不能让你成功，比同事更配合工作不能让你成功，更顺从也不会变得更不可或缺，让你不可替代的是做别人做不到的事"。

如何做到与众不同，不可或缺，可以参看书中的观点——不要生产和销售平庸的产品和服务，商业成功的关键在于"有用的紫牛"。"正如紫牛在一群普通的黑白花奶牛中脱颖而出一样，真正的营销应该是让人眼睛会为之一亮的、可以把人们的注意力恰到好处地引向我们的产品和服务的一门艺术"。

所以关键在于首先让我们把工作视作艺术，朱光潜在《谈美》首章即说：无论是讲学问或是做事业的人，都要抱有一副无所为而为的精神，把自己所做的学问事业当作一件艺术品看待，只求满足理想和情趣，不斤斤于利害得失，才可以有一番真正的成就。其次才是用每天的工作踏踏实实地让自己变得不可或缺。

2．不是平衡，而是"融合"

先聊聊 2014 年 11 月 30 日我的周六上午是如何渡过。

早上六点起床后，我写了一篇小文章，准备和大家分享。七点半，我叫醒女儿（她今天 10 点钟有英语课），我们一起吃了早饭。早饭后，八点半，我去了吴清源围棋会馆，每周抽出时间来清心，是我的惯例。九点半，我在一家星巴克要了一杯咖啡，随即打开 ebook 写稿子。店里的 WiFi 挺好，找资料很方便。一小时后，约见一位朋友。十一点多，我女儿和一班同学跟着外教来到了这家星巴克——这是今天英语教学的活动。这也是我选择这家咖啡店的原因。

十二点，我带着女儿回家了。

这是我通常安排时间的方式。所以你瞧，在互联网时代探讨"工作与生活的平衡"其实已无意义。无线宽带＋丰富的资讯＋智能的终端，到处都是办公室。随时我们都可以开始工作和学习。重要的是如何把工作、生活、家庭、爱好融合在一起。

3．互联网世界里的人际网络

六度分隔理论是说地球上每一个人都能够通过很少的中间人与其他任何一个人联系起来。所以，我认识一个人，你认识另外一个人，那个人又认识其他人，这样的联系链条只有像六个人这样少的中间环节，我们把它们叫作"小世界网络"。这种网络的特点就是人与人之间的距离非常近。

——邓肯·沃茨（《六度分隔》的作者）

传统人际网络被智能网络替代了。就像商家会用互联网工具传播、销售产品一样。作为个人，呈现就是机会，同样需要在网络世界里展现自己，为自己带来价值和机会。

我们拥有前所未有的新网络空间创建内容并分享想法。我们拥有很多新媒体工具，在不同新媒体上做不同的事。比如上百度，是为了解决问题、寻找答案；在人人网上，与同学联系；用微信公众平台时，是为了做服务。上百度、上人人、上微信公众平台，都是我们不同网络形象的一部分。如何使用新媒体，如何与其互动是一个重要课程。

不同新媒体工具的沟通和连接方式必然是完全不同的。利用新媒体，让我们传播经营理念变得容易。在新媒体上展示和推广时，很重要的关键点是清楚认识到何为成功，何为胜利。比如在微信或微博中获"赞"，甚至有多少阅读量重要吗？可以说重要，也可以说不重要。因为真正重要的是，与你联系与互动的人，是与你志趣相投的人吗？他们是否认可你？他们在与你的联系中增加价值了吗？

持续是一种力量。互联网降低了连接的成本，我们能做的就是做好自己，不断地利用各种媒体传播。吸引那些真正认同，持续地关注自己的特定目标群。

在互联网世界里的真正价值，是我们传播推销自己的想法，与特定目标群互通互联，使他们接受我们，并认可我们。

彼得·科伏特（Peter Coughter），弗吉尼亚联邦大学广告学研究生院（VCU Brandcenter）教授，Coughter 公司总裁，在《顾问式销售的艺术：富有创意的说服与呈现技巧》一书中有个有趣的观点："大部分创意人员把大量时间都花在作品的创作上，几乎不会在说服与呈现上投入精力。"所以，不要怪别人没有了解我们，是我们自己没有能力展现出来。

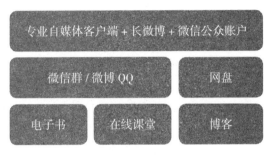

互联网工具组合成一个传播群

4. 安全感从来只来源于自己

你的时间有限，所以不要为别人而活。不要被教条所限，不要活在别人的观念里。不要让别人的意见左右自己内心的声音。最重要的是，勇敢地去追随自己的心灵和直觉，只有自己的心灵和直觉才知道你自己的真实想法，其他一切都是次要的。

——乔布斯

2014 年 10 月 23 日，苹果 CEO 库克与清华钱颖一院长在清华大学进行了一次对话，在回答清华学子关于"是创业或自己工作？""如何进入苹果公司？"等问题时，库克的建议是追随自己的心，一切都会水到渠成。只因为对这个事业或是产品有热情，才投身进去。同样的话，我们听到很多互联网巨头说过，不是因为要创立公司而创业，通常是为了要改变世界，比如 Facebook CEO 马克·扎克伯格。

当单位不再是一个可靠的依靠，安全和保障只能来源于自己。每个人的未来都是只由自己把握，只有自己才能决定你要往哪里走。无论未来如何，投身于行业前沿，专注于当下，努力工作，永远做一个创业者。正如奥斯卡·王尔德所说："你只能做你自己，别人你做不了。"

苹果 CEO 库克在清华大学的演讲

2014 年 10 月 23 日晚，清华管理全球论坛邀请到苹果公司 CEO 蒂姆·库克与钱颖一院长进行一个小时的对话。两位进行了怎么样的一个思想碰撞呢？

1. 苹果是一家怎样的公司?

库克说，其实苹果运作方式不像是大公司，更像是初创企业一样的小公司，只是不需要再融资。大家都是来自不同国家的人，苹果公司的精神就是追求很好的产品。

苹果承担作为大公司的社会责任，包括环境保护、人权、教育、扶贫等领域，而不是只想要追求利润。苹果的总部已实现了可再生能源利用，做到了百分之百的可再生能源供电。

苹果追求的是改变工作方式、改变生活、改变世界，从中获益是第二个考虑。比如与 IBM 的强强联合，比如建立大数据，帮助人们快速作出决定。

做专做精一直是苹果的精神，不要追求最早，而要做到最好。现在对苹果来说，最难的是不做什么，而不是做什么。苹果现在的几种产品种类，协同性非常好，并且是相互连接的。

2. 在中国的产品战略

库克表示不在意市场份额，也不会去预测。中国市场很庞大，有很多消费者都会消费苹果，只要能做出很好的产品就会在中国做得更好的。

除了直营店，在中国还会利用合作伙伴的销售渠道进行分销。比如下周一的时候会跟马云见面谈论合作。

3. 追随自己的心远比钱重要

是创业或自己工作？如何进入苹果公司？库克的建议是

先投简历吧，而且是要因为你对这个产品有热情。要追随自己的心，一切都会水到渠成。生命短暂，如果你不喜欢这个事情你就离开。工作就像游戏。你不喜欢就离开，你应该听从自己的召唤。工资都是副产品。库克还提到乔布斯就是这样的人，不在乎金钱，他不会受到金钱的影响而去思考，从来没有看到乔布斯做出关于个人金钱的决定。对库克自己本身来说，金钱是一个结果，而不是一个宗旨。

4. 关于乔布斯

没有比乔布斯更有影响力的"前 CEO"了。好像库克每回出现都要提到。收到的最重要的忠告是乔布斯说的"我希望苹果有一个有序的职业过渡"。还有乔布斯是一个伟大的人，帮助了很多人，从来没有在媒体上进行宣传；简单是最重要的原则，每天穿一样的衣服，是要尽量清除掉每天生活中不必要的麻烦；家庭很重要，很少出差；领导力就是要靠好奇心发展的，乔布斯是他所认识的最具有好奇心的人。

当然库克也强调没人能成为第二个乔布斯，也没有必要这样做。乔布斯让他放下思想负担，所以自己在每次做决定的时候，都不会考虑如果是乔布斯，他会怎么做，并没有活在他的阴影之下。

最后双方互赠了礼物，库克送的是一个纪念品，因为今年正值麦金塔电脑的 30 周年（同时也为了纪念经管学院 30 周年）。钱颖一院长送的则是一个 iPad，清华经管院 EMBA 学生上课用的，里面是钱院长课程的内容。

语音版在这：http://www.ximalaya.com/11173699/sound/4074108。

米奇·乔尔的《重启——互联网思维行动路线图》

作者米奇·乔尔（MitchJoel）是曲像公司（Twist
Image）总裁，也是一位新媒体与数字营销专家。这本书在
分析了互联网大潮带来的变化后，分企业、个人两部分制定
前行路线图。本篇读书笔记主要侧重"个人重启"部分，即
当个人变为互联世界中的一个节点时，如何开启新的工作
方式？

开篇即是乔布斯的那句"如果你自己不难为自己，别人
就会来难为你"。个人奉为行为指南的是类似的一句："如果
不能控制自己，就只能被别人所控制。"

6~12章组成了"重启自己"的部分。主要表述了在互
联网时代，不必是个原生的数字人，但要做出数字第一的姿
态，做一个数字直立人。我们必须非常习惯于自己的职业不
再以直线方式前进，职业发展会扭曲，会反转，变化和差异
常常会连续和反复。新的工作方式是要成为一个永恒的创业
者，通过强大的内容进行快速持续的沟通，进行自我营销。
我们不再需要"去办公室"完成工作，工作空间无处不在。
相关要点摘录如下。

1. 新的工作方式专题课

（1）转变思维。推荐读《怪诞行为学》，用行为经济学
解释乞讨。人类做出的决定是复杂和不理性的，受到情绪和
胆识的影响。

（2）开始行动。实干比夸夸其谈重要。

（3）创造挑衅。即批判性地思考和发表观点。

（4）注入娱乐。非辞工作，而是注入娱乐态度。最具创
造力的人都是会玩的人。

（5）未来由自己把握。努力工作，成为一个永恒的创造者，不停寻找新的、创新型的方式使企业处于行业前沿。

（6）学会融合。工作、家庭、朋友、社区服务完美融合。

（7）大多数商业新模式应该包括：力促思想碰撞，寻求开展新颖而有趣的项目。明白工作已经变为以项目为基础，团队共同解决问题，并寻找更多问题的过程。

（8）用新的工作方式取得进展的八种方法：理解相关过程；更好地表现自己，学习如何更好地推销自己；提交简历前做足功课；不要撒谎；懂行；注重读和写；做你自己；投身网络。

2. 拥抱曲折的职业转型之路

（1）这个时代没有哪个行业哪个公司是安全的。需要不断的转型发展。在亚马逊等公司中，不会看到类似柯达等公司的故事剧本的商业模式，这些组织处于不断重启的状态。

（2）在一个需要重启企业的世界里，欣然拥抱你的职业生涯的曲折。最有趣的人、你最欣赏的人都有着非常曲折的生涯，你也应该这样。

（3）需要适应这个时代，克服惰性：不要害怕去做时间短却有干货的项目；不要怕做大事；曲折前进；不妥协，但也不要太固执；有时候需要享受孤独。

读书笔记

Reading
Notes

里德·霍夫曼的《至关重要的关系》

《至关重要的关系》是全球最大商务社交网 LinkedIn 创始人里德·霍夫曼的书。很少买关于人际关系方面的书，因为一直奉行的是"人生苦短，做好自己，有缘的人自然会相聚"。买这本书，是想看看互联网时代，人和人之间的关系是怎么联接的。本书有很多挺好的观点，对想重新做职业规划的人也适用。

1. 概要。

（1）人人都是企业家，可以创造自己的生活，开创新事业。企业家精神是一种生活态度，而不只是一个商业概念。

（2）全球化和科技改变了职场规则：现在的职场扶梯上，都挤满了人，传统的职业轨迹已经消失。同时消失的，还有传统职业技能发展，需要依靠自我培训和自我投资。

2. 将个人资产、雄心壮志和市场现状三大版块结合起来，从而提高市场竞争优势。

（1）竞争优势是一切职业策略之根本。不需要比其他所有人都更好、更快或更便宜，要学会在区部赛场上竞争。区部指地理、行业部门和技能组合上的局部，比竞争对手占有优势。例子：Zappos 网上鞋店 365 天退货政策。

（2）三块拼图碎片：软资产与硬资产、追求和价值观、市场现状。例子：谷歌——"为世界整理信息"的目标。星巴克——专注顾客和股东的需求。市场不存在，再聪明也没有用，关键在有人受用你的服务。所有优势都具有局限性，选个竞争压力小的山头。

3. 制定 ABZ 规划，根据自身竞争优势，制定 A 计划，然后根据后期反馈或经验教训，重复或调整计划。

（1）A 计划是正在从事的工作，目的是将竞争优势发挥出来。当 A 计划行不通时，就采用 B 计划。Z 计划指退路。

（2）要将学习设在首位，在实践中学习。

（3）下一些较小的赌注。

（4）确立一种不受老板、地域以及行业影响的身份地位。

（5）追求更好、避免更差，都是调整方向的时机；向不同但相关的方向调整；可以从兼职开始做起。

4. 建立坚实长久的人际关系，组成强大的职场人际网络。

（1）很少有新成立的公司是靠一个人单枪匹马建立起来的，组建有才华的团队至关重要。

（2）任何一种工作归根结底都是与人的互动合作。人是各种资源、机会、信息等要素中的重中之重，同时也是守门员；周围的人会影响并决定你将成为哪一种人。

（3）个人交往和工作两种关系泾渭分明，主要因为忠诚问题。

（4）建立真正的人脉就像约会。第一步是感同身受并提供帮助。真正建立社交关系取决于两个条件，一是能从对方的角度看问题，二是思考自己如何帮助对方或者如何与其合作，而不是想着自己能从对方身上得到什么。

（5）认识新人最好的办法是通过已经认识的人，要估量现有人际关系网的结构与优势。

（6）职场关系从交换到同盟。同盟者的主要特点是，你经常向其征询意见的人，遇到机会首先与其分享并合作，会介绍给其他朋友帮助他树立声誉。当不再清楚记得彼此之间的得失，为对方付出之后不求马上得到回报的时候，关系就从交换发展成了真正的同盟。

（7）根据人类大脑皮层的大小，邓巴计算出人类一次最多只能跟 150 个人建立关系。总之能维系的关系是有限的。

（8）六度空间理论。1967 年，心理学家进行的著名试验表明，世界上任意两个人之间建立联系，最后只需要 6 个人。2001 年，社会学家也开展了全球范围的事业。地球是一个巨大的社交网络，大概只需要六个中间人就可将任意两人联系在一起。

（9）想认识一个自己社交网络外围的人还是请朋友引荐，关键是考虑你能为你想联系的这个人做些什么，或者至少找出你们之间最紧要的共同利益点。

（10）加强并维护关系网最好的办法，就是启动长期的"给予—接受"的过程。成为别人的桥梁，即将他们介绍给无法接触的某个人或者分享他们无法接触到的某种经历。保持联系，成为最近联系人。

5. 借助人脉搜寻并创造机会，扩大信息渠道蓄势待发。

（1）事业发展像公司起步一样，总是充斥着突破口。职业生涯并不是由一系列同等重要的工作构成的，总有一些突破性的项目节点以及特殊的经历，促成职业生涯的快速发展。要刻意增加职业机遇的质量和数量。

（2）充满求知欲很重要，越多尝试，直觉越是敏锐。

（3）寻找并创造职业机遇。追逐意外发现，寻求注重战略的偶然性，付出一定努力。和往常一样，做你自己，做你认为对你有用的事。

（4）寻找机遇，其实是在寻找一些人，评估机会，你是在评估这些人。

（5）与人际网连接起来的团体与协会。小型的非正式网络在思想传播方面起着高效的作用。例子：paypal 黑手党特色：优质人才，共同纽带，分享与合作的风气，聚集在同一块区域或是同一个行业内。比加入团队更好的事情是创办自己的公司，开创自己的黑手党。

（6）不要过分急躁，但要快速行动。人家一件事情做好就会得到很大的竞争优势。没地方睡觉的时候，那么可以自己铺床。能屈能伸，反对声很响时，将音乐调大。例子：潘多拉网络电台公司（Pandora）、旅游住宿网站（Airbnb）、埃里克·已克的故事。

6. 抓住职场机遇，正确评估，合理冒险。

（1）风险是人生永恒的一部分，不要冒无谓之险，对风险保持清醒的头脑，是抓住突破性机遇的前提条件。在千变万化的世界中，追求最小化风险是最具风险的事情之一。

（2）评估并应对风险。风险因人而定，是动态的。一些高级风险评估模型，不能评估风险，评估有一些原则。

（3）因为过高估计风险、过低估计机遇、过低估计资源，让我们过高估计风险。

（4）面对一个潜在机遇，要做的第一件事是问自己，如果最糟糕的情况出现，我还会坚持下去吗？如果可以，就坚持下去，接受那个风险。例子：戴尔创办计算机公司并非辍学，而是申请了正式长假。另外，要考虑的因素是年龄和所处的职业阶段，以及几年后将面临怎样的风险。

（5）寻求别人误认为是风险的机会。比如，现金回报少但能学到很多东西的工作，公开说明自身风险的机遇。关键是要坚持正确的方向。主动寻找风险，还可以小火灾防止大烧毁。从长期看变动少很容易导致不堪一击。因为会减弱系统对突发状况的应对能力。

7. 咨询职网精英，洞察形势，明智地选择。

（1）职网精英指在需要某一消息时及时获取该信息的人。当然最终"你自己"才是真正能让你有所成就的关键。

（2）运用关系网信息驾驭职业挑战。从他人大脑中获取的信息称为关系网信息，是比从书本、杂志以及网络中获取的信息更好的来源。例子：谢丽尔·桑德伯格在世界银行工作时接到研究俄罗斯历史的任务，他不是前往图书馆，而是给哈佛大学研究俄罗斯史的历史教授打电话，听他讲了一个小时并做了详细的笔记。

（3）关系网是必不可少的信息来源之一：提供个性化有针对性的建议；过滤从别处收集到的信息；在与他人交谈时能想到更好的想法。

（4）培养网络素养（网络读写能力）。在搜索栏里输入最佳搜索名词，在众多结果中进行筛选，找到最佳信息，并将来自各方面的信息加以综合。

（5）关系网分类。领域专家（比如薪酬沟通题请教律师朋友）；十分了解你的人（父母朋友）；真正聪明的人（特别有分析能力的）。

（6）提出好问题的技巧。通过交谈而非质问方式提问；调整问题涉及的范围（宽泛的问题寻找应该采用的标准，具体问题了解具体信息）；构思与准备问题；追踪与探索问题。

（7）综合信息并使之转变为有用的信息。后退一步，从全境理解所得到的所有信息。只有自己才是最终的决策者。

读书笔记

Reading
Notes

艾里克·莱斯的《精益创业》

《精益创业》由硅谷创业者艾里克·莱斯所著，主要内容如下。

1. 很多大学都已经在教授精益创业，也有线上课程，在一些城市还有类似"周末创业"的组织来传授。

2. 四步创业法。一是把想法变成商业模式假设，建立最简化可实行产品。二是通过早期订单和产品使用来确认客户兴趣。在这个过程中可以通过改变一个或多个假设以进行转型。三是产品经过不断改进后达到销售要求，根据已被证实过的假设，扩大市场推广和销售，以扩大商业规模。四是公司从创业模式转型到执行模式。探索开发团队转为各个职能部门。

3. 精益模式能够降低初创企业的风险。除了适用于快速成长的科技企业外，也适用于打造小型平民企业。小型平民企业是国民经济的主体。

4. 商业与技术的趋势，促进经济模式发展，彻底改变创业战场的格局。一是类似亚马逊 Web 服务的开源软件和云服务商使软件开发成本极大下降。二是做硬件的初创企业也不需建立自己的工厂，因为离岸制造商（不设于本土的工厂）触手可及。三是融资渠道分散化。类似中邦网站，还提供了另一种更为民主化的融资渠道。四是信息的及时可得。

5. 精益创业的新方式是，创始人不是从商业计划入手，而是从寻找商业模式入手，先进行几轮快速实验和客户反馈，发现一个可行的模式，然后才进入执行阶段。

延伸阅读

Extended
Reading

马云的成功之道：己欲立而立人，己欲达而达人

我基本不看电视，但在 2014 年 9 月 19 日那晚，坚持到晚上 12 点，看中央电视台直播阿里巴巴美国上市的情景。因为我很想知道，这个一直用理想、情怀鼓舞着大家的励志偶像，到底能不能为市场所接受。

2014 年 9 月 19 日晚的微信记录

　　马云保持一贯的镇定自若，现场频频有励志金句，例如，"我觉得人一定要有梦想，万一实现了呢？"又如，"坚持自己的梦想，不要有抱怨，因为别人的抱怨才给了你实现梦想的机会。"再如，"15 年前，我告诉我的团队，如果我可以成功，80% 的中国人可以成功，80% 的全球年轻人也都可以成功。"还有，"信我们，信市场。只要有了信仰，任何事情都会变得简单。"

还有两个细节，特别为人称道。

第一是关于敲钟人。和其他公司选择创始人、创业团队或是家人不同，马云选的敲钟人是阿里生态系统里的 8 位角色，包括曾是奥运冠军的淘宝店主、云客服 90 后大学生、从事自闭儿童教育的淘宝模特、农民店主王志强、以电商带动四川震后恢复的海归创业者、拥有淘宝博物馆的十年用户、边送快递边为贫困地区收集旧衣服的快递员、通过天猫将车厘子卖到中国的美国农场主。

第二是关于未来的发展战略。在回答央视记者"阿里巴巴未来的发展战略是什么"时，马云答曰："募资完全用在消费者身上，包括在农村市场方面，帮助世界各地的人，比如巴西、印尼等，他们需要更多的机会。"

12 点，终于等到最终呈现给我们的结果：经过 12 轮询价，近两个小时的询价，23：53 最终开盘，开盘价为 92.7 美元，相较 68 美元的发行价上涨了 36.32%，总市值达到 2285 亿美元，富可匹敌 100 多个国家 GDP。开盘时间也创下纽交所最晚纪录。仅次于苹果、谷歌和微软，成为全球第四大高科技公司和全球第二大互联网公司，顺利超越 Facebook、IBM、甲骨文、英特尔、亚马逊等美国一系列传奇的高科技巨头。

正如《论语》中孔子所说："夫仁者，己欲立而立人，己欲达而达人。"或者世人所能取得的成就，最关键点在于帮助多少人成功。